九型人格心理学

认识自己，看清别人

[美]苏珊娜·斯塔比尔 Suzanne Stabile 著

THE PATH BETWEEN US

AN ENNEAGRAM JOURNEY TO HEALTHY RELATIONSHIPS

中国青年出版社
CHINA YOUTH PRESS
中青文传媒

图书在版编目(CIP)数据

九型人格心理学：认识自己，看清别人 /（美）苏珊娜·斯塔比尔著；张志云译.
—北京：中国青年出版社，2020.8
书名原文: The Path Between Us:An Enneagram Journey to Healthy Relationships
ISBN 978-7-5153-6068-3
Ⅰ.①九… Ⅱ.①苏… ②张… Ⅲ.①人格心理学－通俗读物 Ⅳ.①B848-49
中国版本图书馆 CIP 数据核字（2020）第104498号

九型人格心理学：认识自己，看清别人

作　　者：〔美〕苏珊娜·斯塔比尔
译　　者：张志云
策划编辑：刘　吉
责任编辑：胡莉萍
文字编辑：孙莼星
美术编辑：杜雨萃
出　　版：中国青年出版社
发　　行：北京中青文文化传媒有限公司
电　　话：010-65511270 / 65516873
公司网址：www.cyb.com.cn
购书网址：zqwts.tmall.com
印　　刷：河北华商印刷有限公司
版　　次：2020年8月第1版
印　　次：2020年8月第1次印刷
开　　本：880 × 1230　　1 / 32
字　　数：120千字
印　　张：5.75
京权图字：01-2019-2528
书　　号：ISBN 978-7-5153-6068-3
定　　价：39.90元

CONTENTS

目　录

INTRODUCTION

引　言

九型人格是一段旅程

约瑟夫·斯塔比尔是我认识的最好的人，我们已经一起生活三十多年了。即便如此，我有时也会怀疑自己是否能完全理解他的行为方式。

几年前，我和他乘飞机从纽约飞往达拉斯。我们坐在主舱中部，看着陌生旅客将行李塞进满满的舱顶行李架。最后登机的是一对夫妇，丈夫是一个温和的老人，他把行李箱提在身前，四处寻找空座位。他的妻子紧随其后，看起来有些慌张，因为已经没有相连的座位了，而行李箱既不能放在座位下面，也没有其他空间可以放。乘务员努力呼喊他们，但两人都没有回应。很明显，这对夫妇不会说英语，但乘务员只是简单地提高了音量——和我们大多数人在这种情况下的反应一样。

我的丈夫约瑟夫会讲两种语言，我觉得他能提供帮助，所以我轻推他，告诉他乘务员和这对夫妇之间明显无法沟通。事实上，我满怀信心地认为他会提供帮助，结果却出乎意料——约瑟夫坚持认为乘务员可以自己搞定。果然，乘务员把老先生的行李箱拿到机舱前部，有人慷慨地让出了一个座位，让这对夫妇坐在一起。飞机准备起飞了，我的丈夫很满意。

每个人的心情都很好，除了我。

我的语言和非语言表达能力都很强。因此，即使当时我们没有说更多的话，约瑟夫也知道我心情不好。

我们回到家，安顿下来，上床睡觉，并把第二天的日程安排好。但是第二天晚餐时，我说："你知道的，我认为你是这个星球上最好的人，包括现在。但我希望你向我解释，为什么飞机上的老夫妇显然需要翻译时你却不帮忙。"

然后我的丈夫——他是拥有第9型人格的人——回答说："说实话，我从来没有想过要帮谁。我知道他们当时无法交流，但我实在没想过掺和。"

我再次意识到约瑟夫和我的世界观存在显著差异。我的回答很符合第2型人格："我总能发现谁需要帮助，而且往往能知道他们需要什么，但我做不到每次都帮忙。"

这个故事（还有上千个这样的故事）是我写这本书的原因。

所有“关系”——那些真正重要的关系，甚至是那些不重要的关系——都需要被解读。如果我们真的对人际关系增强和转变感兴趣，那么九型人格理论是极有用的解读工具之一。

九型人格理论的作用

我常常被称为“喜欢交际的人”。坦率地说，我觉得其他人很有魅力，我喜欢他们——几乎所有人。我喜欢跟他们说话、握手、拥抱，或拍他们的背。与此同时，我认识的每一个人对我来说都是一个奇迹——不在于他们如何出现，尽管出现本身就是奇迹。我觉得神奇之处是我们每个人的行为方式如此不同。

然而根据我的经验，我们大家有两个共同点：我们都想要归属感；我们都希望自己的人生有意义。但是，能否找到归属感和意义取决于我们与相似和不相似的人建立和维持关系的能力。

我们的一些生活方式会随着时间改变，其他却保持不变，而且似乎没有办法改变。同时，我们可能常常感到别人看待这个世界的方式根本说不通。请记住，没有人可以改变我们看待世界的方式，我们只能努力调整自己对待自身世界观的方式。

九型人格理论告诉我们：体验世界有九种不同的方式，回答“我是谁？”“我为什么在这里？”“我做的事情有何意义？”这类关于生命的基本问题也有九种不同的方式。我们如何建立和维持关系，也是因人而异的。通过理解九型人格，我们可以更好地了解自己和别人，增强自己的包容心和同情心，建立更好的人际关系。

本书将有助于理解九型人格中每一型人如何看待世界、如何理解他们所看到的内容、如何决定做什么，以及这些如何影响他们与别人的关系。当然，这是一本关于人际关系的书，所以它不会讲得很绝对——人类的交往也许是混乱而不可预测的。有时我们的交际方式是对的，有时则大错特错。幸运的是，在九型人格理论的帮助下，我们都可以做得更好。

九型人格概览

本书会在正文九个章节中探讨每型人格的特点，以及该型人格者看待自己人际关系的有益方法。由于每个章节会详述特定人格者与其他各型人格者互动的方式，所以先了解每型人格的基础知识将会对你理解内容有所帮助。以下是每一型人格的基本特征：

第1型人：完美主义者。他们不喜欢“完美主义者”这个称呼。他们抵抗愤怒的情绪，但又把其加于自身，把它变成了怨恨。完美主义者很难相信自己足够好或有价值，因为他们的内心总是不断对自己做过的事情挑错，只有做对才会罢休。第1型人的思维喜欢判断或比较，他们能注意到别人注意不到的错误，并常常感到自己有责任纠正这些错误。他们相信任务的每一步都应该按照正确的方式完成，所以尽最大的努力付出、行动、奉献，并期望别人也这样做。

第2型人：乐于助人者或给予者。他们需要被别人需要。第2型人付出很多，有时是出于无私，而有时是为了获得回报，尽管这通常只是一种潜意识的动机。第2型人进入一个房间后，会自动将注意力转向他人，并问："你好吗？""你需要什么？""我怎么才能帮到你？"这是因为他们想要通过感知和满足他人的需求来建立关系。

第3型人：表演者。他们需要做到并表现得成功、高效、能干。第3型人理解情感很困难——无论是自己的情感还是别人的情感。第3型人经常隐藏自己的愤怒、恐惧、悲伤、失望和尴尬，直到身边没人时才去处理这些情感。他们喜欢设定短期和长期的目标，并通常会实现。他们会激励别人去做自己从未想象过的事情——我们赢了，他们就赢了。

第4型人：浪漫主义者。他们既想要顺其自然又想要与众不同。第4型人相信自己的生活缺少某些东西，找不到就不会罢休。他们能够忍受忧愁，并且常常从悲惨的东西中获取力量——他们是唯一能够在见证痛苦后不强迫自己去减轻或消除痛苦的一类人。因为重视率性而为并厌恶虚伪，第4型人与别人相处时能够本能地建立更深的交情。

第5型人：观察者或调查者。他们渴望充足的资源，从而不必依赖别人。他们是所有人格者中最不情绪化的一类人，这种超然意味着他们可以在产生某种情感后做到放手，并能通过收集信息和获取知识来掌控恐惧。第5型人每天的精力都是有限的、可知的，因此他们会谨慎地考虑何时为别人提供什么帮助。他们必须鼓起勇气才能做到在人际关系中展现自己。

第6型人：忠诚者。他们需要安全感和确定感，害怕未来的可能事件、充满威胁的世界以及他人暗中的计划。第6型人通过做好应对最坏情况的规划来处理这种焦虑。他们不想或不需要成为焦点——他们只是做好自己的本职工作，并希望其他人也如此。第6型人忠诚且坚定，是将我们归属和珍惜的组织凝聚在一起的“黏合剂”。他们比其他类型人更关注共同利益。

第7型人：享乐主义者或狂热者。他们乐于相信最佳可能性而回避痛苦的经历，并能很快将任何消极的经历重新定义为积极的经历——只看好的一面。第7型人自欺欺人地相信自己拥有各种各样的情感，而事实上他们生活中大部分时间都只有快乐——他们认为生活就是体验和享受。这意味着他们讨厌日复一日，回避程式化的生活。第7型人也擅长否认，他们通过回避恐惧来掌控恐惧。尽管如此，他们常会通过特殊的方式来让周围的人感到快乐。说实话，如果没有第7型人，我们生活中的乐趣会少很多。

第8型人：支配者或挑战者。他们独立思考，倾向于极端化地看待一切——非好即坏，非对即错，非友即敌。愤怒是他们倾向的情感，但不会持续很长时间。第8型人虽然并不直率，但期待并尊重直率之人。他们的关注点不在自己身上，总是支持不被看好的那一方。第8型人充满激情！他们拥有的活力比其他任何类型人都多，能为自己正在做的事情或所信仰的事情倾尽所有，最愿意与那些全力以赴的人交往。

第9型人：和事佬或调解者。这是九型人格中最简单的一型。他们是所有人格中最不活跃的一类人，因为他们努力抑制任何可能导致冲突的东西，并阻止任何会破坏和平的事情。第9型也是最固执的人格类型，这类人用消极反抗来控制自己的愤怒。他们能看到任何事情好的方面和坏的方面，但这既是天赋，也是困扰，导致他们很容易犹豫和拖延。在人际关系中，第9型人忠诚且喜欢亲密关系。他们忽略自己，会为了配合别人而搁置自己的需求和计划。

九型人格理论为接受现实提供了独特的视角。

九型人格体系

九型人格理论的独特性在于它能为我们“认识自我”到“成就

自我”和“认识别人”到“成就人际关系”的过程提供参考。在你踏上这段认知之旅之前，请先来了解一下九型人格的动态关系。

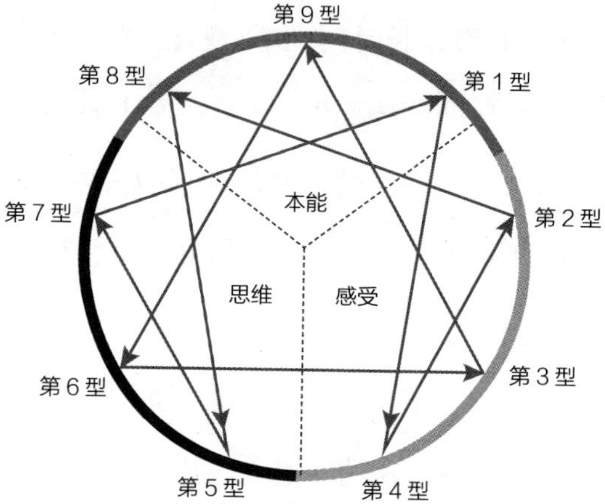

九型人格动态关系图

三元组 九型人格体系包含三种应对世界的方式："本能""感受"和"思维"。九种人格根据这三种方式可划分为三大类，称为"三元组"。你所属的三元组取决于你处理信息和应对处境的方式。第8型人、第9型人和第1型人属于"本能三元组"，"本能"占主导地位；第2型人、第3型人和第4型人属于"感受三元组"，"感受"占主导地位；第5型人、第6型人和第7型人属于"思维三元组"，"思维"占主导地位。

翼型、压力人格和安全人格 九型人格的每种人格都与其他四种人格——上图每种人格两侧的两种类型以及用直线箭头连接的两种类型——存在动态关系。这其他四种相关人格可以帮助你了解某一类型人表现出的不同行为模式。尽管你的核心动机和人格类型永远不会改变，但是你的行为可能会受到这四种人格的影响，甚至可能变得像其中的另一种人格行为。你可以学着围绕圆圈移动观察，根据需求来使用四种辅助行为方式。

这四种相关人格如下：

翼型　指你所属人格类型两侧的类型，能显著地影响行为。例如，与具有第5型翼型的第4型人相比，具有第3型翼型的第4型人更外向，而前者更加内向和退让。一般来说，翼型占主导地位时会影响行为，但并不影响核心动机。了解自己的个性时，应该先了解你倾向于一翼或者另一翼的程度。

压力人格　指你的个性在压力下更接近的人格类型，在上图中用你所属人格类型向外指的箭头表示。例如，受到压力时，第7型人会表现出第1型人的特点。他们可能变得不那么随和，更容易产生非黑即白的思维。你的压力人格不一定是消极的，因为你需要自己在受到压力时所属的人格类型来调节自己。

安全人格　正如你受到压力时表现出另一种人格特点，你感到安全时也会表现出另一种人格特点。这在上图中用指向你所属人格类型的箭头表示。例如，第7型人感到安全时会表现出第5型人格的特点，他们会放弃过多的需求，并保持“少即是多”的心态。每一型人都需要用自己的安全人格来体验自然的身心治愈。

立场 通常，“立场”用于描述我们如何给自己定位，或采取一种什么样的姿态。在这里，立场是一种自然的姿态或态度，即我们应对体验的一种习惯化、模式化的方式，是每一型人格行为方式的默认模式，在九型人格理论中大致保持稳定。我将在每一章中给你提供一些见解，与你探讨每一型人格的立场，以及立场如何影响到他或她处理人际关系的方式。

激进型立场（第3型人、第7型人、第8型人） 这类人将自己的事情放在首位，喜欢控制别人。他们立场独立，有时会与他人相悖。他们重视未来。

依赖型立场（第1型人、第2型人、第6型人） 这类人十分关心他人的期望，因而忠诚可靠。他们向别人靠拢，更重视现在。

退让型立场（第4型人、第5型人、第9型人） 这类人害羞而内向，行为节奏缓慢。他们与别人保持距离，并重视过去。

一点忠告

我猜你很想直接翻到自己所属人格的章节，再看你至亲至交人格的章节，我可能也会这样。但我仍然鼓励你阅读整本书，你会发现每章都涉及你的人格类型，因为你与每个类型都有关联。与此同时，我希望这本书可以帮助你改善所有的人际关系，而不仅仅是少数。

请注意，九型人格不是一个静态系统——我们的人格一开始都处于健康状态，后来经过一般状态到不健康状态，又回到健康状态。根据经验，我们大多数人在生活中都是健康状态。我们常以健康的心态对待生活，而在充满挑战的时候，可能会以不健康的方式应对。所以这本书主要描述处于一般到健康状态范围内时，我们如何回应别人。

你对“我是谁”的理解影响着每一段你建立并尝试维持的关系。

我们也应该记住，每一型人格都有许多变体，取决于以下因素：你是内向还是外向？你处于健康、一般还是不健康的人格状态？你偏好群体社交、一对一社交还是独处？你注重现在，过去还是未来？你对九型人格等个人精神成长理论有多了解？

最后，既然我们在讨论“关系”，那么在阅读时要记住一些重要的人际关系准则。第一，请不要把你的人格类型当作你采取某种行为的借口；第二，永远不要使用你了解的人格知识来取笑、批评、模式化或以任何方式不尊重别人；第三，如果你将精力放在观察并改善自己而不是别人，那就太棒了。进一步说，我希望你能分享我的愿望，即我们所有人都有能力接纳、爱护别人，并在相处时保持同情心和尊重。

九型人格理论的价值

最近我和约瑟夫又一起乘飞机，坐在临近第二个出口的那排座位。空姐问我们对面那排的一位乘客是否会说英语，那位乘客说："我听不懂。"她又问了一遍，而他又摇了摇头说："听不懂。"空姐继续用英语向乘客解释：如果他不能讲英语，就不能坐在靠近出口的那一排。乘客继续与她沟通，试图理解她在说什么。

经过上次与约瑟夫共同乘飞机的经历，我对第9型人有了更深入的了解，所以这一次我没有说话。

然而，就在我系好安全带的时候，约瑟夫解开了他的安全带。他注意到了空姐与乘客沟通上的困难，于是跨过我走向过道，用西班牙语向那位绅士解释说，由于航空公司要求出口排的每个人都要能说英语，所以他需要与前面的女士换座位。

那位乘客站起来换了位子，并笑着感谢约瑟夫的帮助。当我那体贴周全、精通双语的丈夫回来后，我们身后的女士越过座位拍了拍他的肩膀，赞许他的善良和帮助。

当看到真实的、变化的自己时，我们会发现这是一件美好的事情。只有认识自己，看清别人，我们才能改变自己和周围的一切。

EIGHTS

第 8 型人

脆弱并非懦弱

梅丽莎给我打电话，问我是否可以和她谈一个工作问题。她刚找了份新工作，因此我怀疑她想谈与新同事的关系问题。梅丽莎在一家高科技创业公司负责招聘，她聪明、有创意，工作出色。她善于领导，但和其他第8型人一样，常常在处理同事关系方面遇到困难。如果第8型人可以选择同事，他们会发挥最大潜能，但梅丽莎刚加入该公司，同事都是公司的原班人马。我之前跟她交流过几次，我知道如果可以选择同事，她肯定不会选择艾米丽。

梅丽莎之前告诉我，艾米丽老是絮絮叨叨地抱怨数据库系统，这让她很烦："她为什么就不能学习如何使用，而是要抱怨呢？"梅丽莎通常每周工作55小时，而艾米丽每周工作40小时都很困难，还经常因为各种私事缺席与工作相关的活动，不是陪年迈的母亲看医生，就是参加孙女的芭蕾独舞演出。这让梅丽莎极为不悦。

我刚接通梅丽莎的电话，她就提高了说话的音量——这是第8型人的典型特征。和其他第8型人一样，她没有时间也没有兴趣故作寒暄，而是直入主题："还是艾米丽的事。我们刚刚做了她半年的绩效考核。在跟她谈考核结果前，我问她有什么想跟我谈的。我认为，私密的闲聊是转入正题——考核结果——的良好方式。"

但是，艾米丽接下来的回答让梅丽莎措手不及。艾米丽用颤抖的声音对她说："我认为你不尊重我。你总是对我很苛刻，没有耐心。有时我甚至感觉你在欺负我。我和别人说过这点，他们也有同样的感觉。"

透过梅丽莎的语气，我知道她当下仍然很生气，但同样很伤心。我问她是如何回应的。她说："我停顿了一下，然后问了一些问题。"

"什么样的问题？"

"我想让她客观地证明自己的感受，所以我问她为什么会有这种感觉。我告诉她，我一直都很坦诚地向她说明我对她的期望和她应尽的责任。我努力跟她解释，在业务拓展阶段，我们部门至关重要，我们有责任为关键职位招聘优秀人才，否则公司将面临失败。"

梅丽莎沉默了许久，然后非常诚恳地问我：“苏珊娜，每个人都做好自己的本职工作不是很好吗？”

这个故事为什么会发生？

- 你最像这个故事中的哪个人？为什么？
- 梅丽莎喜欢欺负人吗？请给出理由。
- 艾米丽真正想从梅丽莎那里得到什么？
- 如何运用九型人格理论解释这个故事？

根据九型人格理论，这个故事并非只是一个进取型老板和一个怯懦、低能员工的矛盾，而是工作观、同事观甚至是世界观完全不同的两个人之间的矛盾。梅丽莎是第8型人，而艾米丽不是。梅丽莎认为她是在鼓励艾米丽履行责任，所以艾米丽的情绪爆发让她措手不及。虽然他们最终完成了绩效考核，但梅丽莎告诉我她认为事情不会好转。最终，艾米丽申请调换部门。

九型人格中，多数类型的人在日常生活中往往以和为贵，会先通过寒暄、观察或赞美缩短彼此之间的情感距离，然后再表现出自己真实的一面。然而，第8型人认为自己没有义务进行关系预热，而是常常直接进入接下来的任务。第8型人似乎不关心他人，其实他们只是心思不在我们身上，而是在接下来的任务上。

梅丽莎与艾米丽之间的故事在我们的平时生活中很常见，我们知道发生了什么，但不知道为什么发生。九型人格理论能帮助我们理解所有九类人格的处事方式、心理动机和感受，以及彼此之间的互动和交往。

第8型人的世界

第8型人对所有事情的第一反应都是“我该怎么办”，而其他大多数人首先会想“我认为怎样”或“我感觉如何”，有时这会造成冲突。第8型人与第3型人、第7型人往往处得很好，因为这两型人也是行动派。其他型人被情感所累，反应缓慢，行动前深思熟虑，因而与这三型人很难相处。

从人际交往的视角看，其他型人更加关注思考或感受，因而在他们看来，第8型人的第一反应是采取行动，似乎太霸道。所以，第8型人行动前应花时间明白，有些人三思而后行，还有些人通过感受来决定何时采取何种行动。这不仅仅是个人偏好问题，更是一个世界观问题。例如，第5型人和第6型人觉得快速采取行动是离谱且不负责任的，因为他们非常坚定地认为，行动前须首先考虑各种可能的方案和后果。

每型人都会逃避某些事情。

但第8型人很难停下来思考，因为他们想掌控自己所有的内在情感和外在行为。有时第8型人行动太快，没给其他观点发挥影响或别人履行职责的机会。即便如此，人们仍期待由第8型人决策和领导，但同时也希望他们能放慢脚步，解释其计划，并征求他人的建议。但第8型人只关注行动，不可能满足以上期待。康复中心执行董事托德·杜加斯就是第8型人，他是这样解释的：

> “我曾经对我的员工感到不满，因为他们没有做好本职工作。之后我意识到，我从未教过他们或告诉过他们我真正想要什么。我只是给了他们大纲，然后就期待他们能自发做出延伸。或许是因为我很难坐下来与他们互动并对话。我对那些只做分内事的员工也感到不满。我曾经一直想摆脱那些人。”

第8型人需要注意，与人相处时不要步伐太快，别人会跟不上的。别人虽然会接受你，但很有可能只是因为没有其他选择。这常常惹人讨厌。

一位第8型人表示：“我家庭生活中最严重的误解之所以发生，大多数是因为我对他人有期望，但没有明确表达出来。他们的行动速度或强度赶不上我时，我会立即感到非常沮丧。虽然解释当前在做的事情和原因对我来说非常麻烦，但有时我的确需要将别人纳入自己的家庭计划中。”事实上，第8

8

状态一般或不佳的第8型人可能会报复不公正对待自己或别人的人。

型人选择包容时会事半功倍——这能减少误解并建立重要关系。

脆弱和自我保护 第8型人避免表现出脆弱，以在情感上保护自己。孩童时期，别人说他们“专横”或“听不进任何人的话”。成年后，他们也常被贴上“强势”的标签，所以别人与其交往时会有需要自我保护的感觉，常常会对其保持戒心。有意思的是，第8型人也会感到自我保护的需要，只是会通过避免表现无助、脆弱和从属感来保护自己。

一流研究人员和作家布琳·布朗（Brené Brown Ph. D）曾在TED上做过一次关于“脆弱”的著名演讲，她说：“为了与他人建立联系，我们感到必须表现自己，让别人彻底地了解自己，这就是‘脆弱’。”与其他型人一样，第8型人也希望与亲近的人建立联系。但他们有一个大问题：他们虽然不怕事，但却害怕暴露自己的弱点、缺陷或犹豫。如果布朗的观点正确，与人交往取决于我们表现脆弱的能力，表现自己的脆弱就表明愿意让别人了解自己，那么交往的动力就是关键。我认为，第8型人和其他人一样也时常表现自己的脆弱，只是表现方式不同。一位有四个孩子的第8型母亲这样解释自己在家庭关系中的脆弱：

> “我想毫无保留地信任你，即便这对我是个挑战。我会永远在你身边。我会为你而战，而非仅仅和你并肩战斗。你会惊讶于我多愁善感的眼泪，我甚至从不去掩饰。你若对我生

气，我也会感到愤怒，还会很努力地去发掘愤怒之下的感受。我会发疯似的爱你，疯狂得连自己都会被吓到。”

尽管第8型人在亲密关系中可以表现出自己的脆弱，但温柔的情感表达会让他们在不适感中挣扎。

尽管他们尽全力地保护自己，但和我们所有人一样，第8型人生活中总有自己没准备好去面对的经历。只有此时，第8型人才会让我们看到他们的情感表露。虽然很短暂，但这让我们有机会以新的方式了解他们。正是在这种情况下，我从认识的第8型人身上发现，他们并非故意强势，他们只是想保护自己。

我的女儿乔伊年仅六七岁时，会在半夜起床去树下打开别人送给她的圣诞礼包。她行动得太隐秘了，我们很多年后才发现。我们与她谈这件事时，她解释说自己不喜欢惊喜："我打开礼物时，可能会哭、会笑或说错话。我不喜欢那样。我希望提前知道会发生什么。"未知让她感到脆弱。她现在已经差不多40岁了，有了自己的孩子，但她仍然想在任何事情发生前知道一切。

> **8**
>
> **第8型人在保护私人空间方面界限分明，但可能无意识地僭越他人的界限。**

第8型人讨厌自己和亲友的懦弱，如果无法区分脆弱和懦弱，他们就会同时避免。但是与一个不允许自己表露脆弱的人相处是非常困难的，别人会觉得自己好像并不重要，好像没有什么可给予的，也永远都不会被完全信任。健康且稳固的关系往往在人脆弱的时候建立，因此第8型人需要努力区分懦弱和脆弱。他们可以在情绪低落或者事情一团糟时与别人保持联系，分享自己最有意义的东西，最害怕的东西，以及自认为最重要的东西。

根据我的经验，大多数第8型人思想早熟。他们生来就具有出人意料的智慧，而且以极为优雅的方式表现出来，几乎不会让人注意到。第8型人告诉我，他们很小的时候就讨厌那些看起来很懦弱或三心二意的人，所以他们决定变强。第8型人是天生的领导者，许多人在很小的时候就为自己和他人承担起责任。然而这份天生的优势，往往导致他们失去了纯真。如果你是第8型人，你成年后将在寻找纯真上花去很多精力。而只有在让你有安全感的关系中，你才更可能实现这一目标。

保护弱者　第8型人既能保护自我，还能保护比自己弱小的人，因而是挑战压迫者的最佳人选。我喜欢第8型人这一点。他们关注不公正现象，并认为自己有责任保护无辜者，既展现了自己的侠骨，又体现了自己的柔肠。然而，第8型人通常不知道这对他们来说意味着什么；在与弱者交往时，第8型人应该意识到付出是相互的——这涉及“社交意识”。

“社交意识”是指站在他人的立场识别其感受并理解其生活

的能力，需要倾听和观察才能做到。社交意识是两人之间互相尊重、进行有意义交流的基础，即使两人的关系不是长久的。当第8型人忙于为他人解决问题时，他们很有可能没有太多社交意识。所有类型的人格都需要学习社交方面微妙的平衡。以第2型人为例，他们过分关注社交意识。但关系是由两个或更多人交往的方式来定义的，因此我们需要记住，所有关系都要求双方付出和回报相平衡。

强度和愤怒 根据九型人格理论，第8型人充满热情，更准确地说，是热衷于紧张的工作。他们精力充沛，全心投入，行动快速，当事情变得混乱或碰到困难时，经常会感到愤怒。矛盾的是，他们认为愤怒有助于成功，但我怀疑他们其实是用愤怒来掩盖脆弱的情感。由此产生的部分问题是：长此以往，第8型人会对愤怒之外的任何情感都变得不敏感，这往往不利于他们的人际关系。

如果我们记住第8型人害怕展露懦弱，我们就可以理解，他们会用愤怒掩盖悲伤、恐惧和脆弱来保护自己。然而，其他型人常将第8型人的愤怒看作障碍，不理解那是第8型人保护自己的方式。不那么好强的人格者（第2型人、第4型人、第6型人、第9型人）与第8型人相处时往往会采取防御姿态。这时，第8型人便不可能在交往中受到对方的坦诚相待。

我的朋友温蒂是第8型人，是一位小学教师。她跟我讲述了自己和一位同事的争论。争论的问题是对幼儿园和一年级阶段孩子的安排。温蒂认为，他们就“怎样安排对孩子们最有益”达成了共识，并解决了问题。但她发现共识没有被遵守，因而非常沮丧。她勃然大怒，与同事吵了一架，致使双方的关系出现很大的裂痕。但在生气之后，温蒂反思了自己的行为：

> “如果我没有冲动，而是在与她交谈之前平静、周到地考虑当时的状况，也许我能够以她能接受的方式表达我的想法和感受。如果不能，至少我不必在事后反思自己的行为。我应该学着生气时停下来想一想，再与别人交谈。我希望受到尊重，表现得冷静、聪明、智慧和成熟。过度强烈的反应让我觉得我需要为自己的行为找借口。”

第8型人很少后悔与人产生冲突。他们喜欢独立，但却经常意识不到自己的意图会被好强的个性遮掩。热切、好强和愤怒掩盖了第8型人的深层情感，导致他们错误地认为自己能够掌控情绪，而事实远非如此。第8型人需要使自己的意图明晰，才能识别、感受、定义自己的情感。

远离感性 第8型人往往充满激情，用紧张的工作代替其他感受，如快乐、悲伤、脆弱或尴尬。当遭受痛苦或恐惧等脆弱的情感时，他们会坚持快速地采取果断行动，以获得重新变强的感觉。他们会不惜一切代价地避免任何弱点或依赖出现。但人际关系是在相互依赖—— 一种交往双方频繁但非刻意的互惠——中成长的，第8型人需要明白，脆弱的情感并非软弱的表现。

第8型人面对自己无法抑制的情感时，就会放弃意图控制的幻想。我们都曾看到他们对既脆弱又坚强的亲近之人流露温柔，对处于弱势却坚守希望的人表示欣赏，对利用规则战胜难以形容的困难之人表达敬意。第8型人并不害怕去拥有情感，只是害怕自己的感情会背叛自己。

害怕背叛 在我的研讨会上，第8型人谈了很多被背叛的经历，还点名说出是谁背叛自己。我听了很久，才说："我认为这不算是背叛，你不觉得他们可能只是犯错了吗？" 或说："我认为这是一个糟糕的选择，但我认为这不算是背叛。"当我为第8型人重新分析这些经历时，他们似乎感到惊讶。他们没有想到，被自己视为被背叛的经历可能并非如此，或者说，如果从另一个人的角度看，会得出不同的结论。

一天下午，我参加了一个家庭生日聚会，有幸与第8型邻居裘伊谈论"背叛"。我们并肩坐在游泳池边，手里拿着提神饮料，我让她讲讲对"背叛"的理解。她的回答很简单："我每天都会遭遇背叛，因为那些不了解我的人会对我做出评判，然后用他们自己的感受来支撑这个判断，而不以任何方式了解或认识我。"

第8型人最不愿意伤害所爱之人。当发现自己伤害了你，他们的内心便不再平静——即使保持镇定，也遭受着巨大的痛苦。同时，他们一旦意识到自己以某种方式利用了你的脆弱，就会感到十分错愕。

压力人格与安全人格

九型人格理论有一项优点：它虽不像其他许多同类理论体系那样一成不变，但仍是有规律可循的。在不同的人生阶段或不同的状况下，每种人格都可能处于健康、一般或不健康的状态。当第8型人处于健康状态、在人际关系中处于最佳状态时，他们是积极、有趣、慷慨的。无论发生什么事情，他们都会非常包容并愿意坚持下去。在这种状态下，只要他人在为成功努力，第8型人就会坚定、真诚地提供支持。

面临压力时我们本能的应对方式都一样——我们的行为会超出所属人格类型的典型行为。

而当他们状态最糟时，第8型人会表现出以下特征：好斗、独占欲强、傲慢、不妥协、吹毛求疵。一位第8型人认为她的孩子们过于黏她，让她很生气："我跟孩子们说，你们要安排好自己的生活。你们可以做得更好。我不能一直为你们洗衣服！我希望你们是男子汉，而不是柔弱的男孩。照顾好自己！"然而，第8型人可以学着去了解，他人的过度依赖常常只是在尝试与你建立联系，帮助他们会获得回报。

对任何一种人格来说，过度的表现都不好。第8型人面临压力时会变得强势、努力，并表现得非常自信。他们的首要自我保护机制是否认不时出现的所有情感，在需要停下来时，这种机制会推动他们努力工作，做更多事。

我认为，我们大多数人面临的压力——最后期限、对抗、争论、危机、他人的不当行为，或者似乎失控的事件——第8型人都可以轻松应对。他们对处理这类情况很有激情和决心。一位第8型人说："我会像电影《终结者》的主人公一样去识别朋友和敌人，认清楚谁反对我，谁又支持我，这就是我保护自己的方式。我想让自己进入角色，这样就没有人能控制我。我穿上高跟鞋时有1米85，这使我能够俯瞰房间里的每一个人。"

为了改善人际关系，我们应该认识

第 8 型人的人际关系

与第1型人的关系：第8型人和第1型人都努力上进且充满活力，但他们的关注点不同：第1型人通常关注问题本身，而第8型人更关心解决方法。

与第2型人和第5型人的关系：第8型人在有安全感时接近第2型人，在应对压力时类似第5型人。第8型人需要学习第2型人的温柔、关爱，以及对他人情感的觉察；学习第5型人谨慎行动的能力，在行动之前收集必要的信息，并在应该保持中立时停止行动。

与第3型人和第7型人的关系：第8型人与第3型人、第7型人可以融洽相处，因为他们都思维敏捷、努力工作、痛快玩耍、效率高，并且不容易产生脆弱的情感。这三个类型的人都注重未来，精力充沛地追求事物，是很好的协作者和同事。

与第4型人的关系：第8型人很难应对第4型人的情绪变化。但是只要适应这一到，有些（也许是大多数）第8型人，实际上认为他们可以按照自己看待世界的方式改变现实。如果你看到这里，请先不要觉得“这种想法疯了吧”，请记住，第8型人认为你看待世界和行动的方式也很疯狂。这就是我们需要学习九型人格理论的原因之一。

第8型人会否认自己的权限范围，要么孤注一掷，要么全身而退。不幸的是，如果没有九型人格的知识或一些生活经验，他们还会否定别人的权限范围。许多第8型人甚至否认权限范围的存在。由此造成的压力会让第8型人付出代价，并对他们的人际关系造成影响。

第8型男性在面临压力时大多会拒绝放弃。他们对自己和他人的期望越来越高，任何无法跟上其步伐的人都是拖后腿。如果你和第8型人一起生活或工作，你就会知道他们发怒起来的样子。对于那些没有见过其发怒的人来说，第

点，他们可能会发现两型人其实有很多相同之处：他们是九型人格中精力最充沛、最有激情的人格类型，都会不计代价地真诚待人。

与第6型人的关系：第8型人很难有足够的耐心去等待第6型人。第6型人做事有条不紊，他们关注当下，而第8型人则通常关注未来。但是如果第8型人能听取第6型人的意见或花时间等待其回应，这对双方来说都有好处。

与第8型人的关系：两个第8型人之间相处会激情澎湃，所以其中一人需要不时沉下心来，分配好两人各自的责任。请记住，具有第7型翼型的第8型人与具有第9型翼型的第8型人是迥然不同的。

与第9型人的关系：当第8型人和第9型人都足够成熟且保持合理的距离时，两人的关系会十分融洽。第9型人拥有自己的能力和计划，并清楚自己的职责与义务。如果第8型人愿意听从第9型人，两人的相处会非常愉快。

8型人的暴怒令人生畏。每当第8型男性遭遇失败，他们偶尔会退避，但更多情况下会坚持不懈。我采访过许多第8型男性，他们容易患有心脏病、中风等与压力相关的疾病。他们无法接受这一事实：人总能找到休息的时间和空间。

第8型女性面临高度压力时，往往会变得专横而又强硬。她们的愤怒非常明显，并且拒绝让步。但与第8型男性不同的是，当最终撞到南墙时，她们往往顺着墙滑下，哭一会儿，然后上床睡觉。如果心态良好，她们可能会扬言自己还会回来，然后离开。但如果她们状态不佳，大家都会毫无疑问地认为她们生气了，很长时间内都无法接近。

虽然第8型人在压力中茁壮成长，但过度的压力会对他们产生相反的效果。他们承受过多压力时，会本能地向第5型人学习逃避现实。这是件好事，因为逃避现实可以为他们提供空间，让他们把一切思考透彻，并以更好的方式重新融入生活和人际关系。同时，第8型人感到安全时，会表现出第2型人的行为方式和心态。这也是好事，因为在这种状态下，他们会在与别人的交往中流露情感，从而一反以往的强势，使亲切的交流成为可能。

人际交往中的障碍

有人认为第8型人不渴望、不重视人际交往，这是一种误解。

但他们不需要或没有时间与许多人交往，所以通常不会与同事成为朋友。请记住，第8型人在团队合作方面很友好、很配合，只是他们有意义的社交通常仅存在于生活的其他方面。

第8型人更喜欢与重视独立的人建立友谊。如果想成为第8型人的朋友，你需要值得信赖，并让人有安全感；你们之间的关系需要很可靠，但你不能对这段关系抱有任何期待。我的一位学生说："我简直不可能与一个没有自信的人建立一段有意义的关系。"

第8型人过分强调行动，本能地忽视自己和他人的感受，因而他们中的许多人经历过人际关系失衡，而过度专注于行动可能使他们付出沉重的代价。

杰夫是家里三个男孩中的老大，也是家中唯一的第8型人，所以他非常适合为年迈的父母做决定，但他并不一定想独自决定。虽然杰夫希望弟弟们参与决定，但随着时间的推移，他承担的责任越来越多，弟弟们的责任则越来越少。他认为弟弟们不能或不愿做他们需要做的事情，最后，杰夫在母亲健康状况恶化后将她接到了自己家生活。

杰夫遵循确立已久的家庭模式，在母亲去世后料理了一切后事，选定殡仪馆和棺材，在报纸上发讣告，写悼词。处理完后，杰夫十二岁的女儿问他为什么不哭。那一刻，所有的一切结束的那一刻，一切重新开始的那一刻，也是他最脆弱的那一刻，杰夫紧紧地抱住了他的女儿。但他无法说出自己的真实感受——如果他让自己的情绪发泄出来，就没有人去安置他母亲，做那些需要做的事。我认为，许多第8型人为了完成他们义务中的事情，一辈子都在忽略自己内心最深处的情感。

事实上，我们的眼界和视角也决定了我们会错过什么。我相信第8型人并不知道，自己不愿展现脆弱的这种性格会对他人造成什么影响。第8型人也不知道，自己强势地承担一切，会使他人感到自己不重要或不必要。第8型人没有意识到，我们中有许多人认为他们之所以不愿意展现自己脆弱的一面，是因为不信任我们，不让我们了解他们真实的一面——真实的欲望或其他的一切。长期来看，忠诚关系的建立，部分源于长期的陪伴——既非领导也非跟随，而是两个人同甘共苦。

第8型人无论身在何处或与谁在一起，通常都会把控一切。因此，他们需要记住，人际关系的基础是相互关心和协作，而对于那些始终处于领导模式的人来说，这两者很容易被忽视。作家娜迪娅·博尔兹韦伯是我很喜欢的人之一。她认为自己必须时刻谨记自己的观点在自己所属团体中的分量：

> “我们团体的运作方式是：一切都可以‘选择加入’。我会问：‘谁愿意参加？’愿意参加的人就会如约赶到。但为了使这种制度正常运转，我必须放弃控制权和可预测性。你无

法预测谁会来或者是否有人会来。我必须放开控制权，这意味着我必须允许他们参与决策。所以，这是一种非常特殊的领导方式，它不是‘放任’——我仍在管事，我仍然掌控大局。但是，如果有人提出一个观点，我就得自己考虑一番，再与其他人商量一下。我必须诚实并快速地做到这一点。我必须确保我所说的话都得到重视——这需要很强的自我觉察，但我无法永远做到正确，导致别人很难重视我的话。但如果你有足够的经验，你就可以掌控。否则，你不能粗暴地控制每个人。”

我认为，第8型人觉得掌控一切可以保护自己。然而，如果在社交中一直处于领导、控制和决策地位，人可能会被孤立，并往往无法学会处理生活中不可避免的一些意外。应该注意的是，我们都在保护自己免受某些事情的影响，例如，第9型人保护自己免受冲突，第7型人非常谨慎地避免遭受痛苦，而第4型人非常认真地避免被抛弃。而第8型人致力于保护自己免受意外情绪的影响。但从娜迪娅的故事中你可以看到，第8型人需要学会避免粗暴地控制每一个人。

相处之道

第8型人很明确自己与人相处的方式。如果你观察他们，就很容易可以看出他们对谁更和气、更温柔。有一天，我和女儿乔伊一起讲解九型人格理论，她向小组明确地解释了第8型人处理工作关系的方式。

她把手隆成杯子的形状，说："我只有这么多'温暖'。真的，这是全部的，没有更多了。其中大部分都给了我的丈夫和儿子，剩下的都用于与潜在客户建立真实的个人联系。我不会询问我同事的个人生活，也不分享关于我的相关细节。我每天都来上班，做我应该做的工作——我非常重视把这份工作做好。如果我的同事能够把精力投入到他们的工作中，我们可以一起享受这种共同奋斗的友情。如果不能，我便没有什么可以与他们分享。我有朋友，我来工作不是为了结交朋友。"

虽然这违反本能，但第8型人应该意识到，与人相处时平衡你的情感将对你和他人都有好处。因为情感还没有成为你对抗世界的常用武器，它们是你生命中仍然纯粹的部分之一。请允许自己停下来思考对某种情况的感受，并在行事之前考虑自己的感受，这能帮你理解九型人格的奇妙之处。

给第8型人的建议

我们可以拥有什么？不能拥有什么？我们必须接受和允许什么？在第8型人看来，别人不能和自己一样强。以下是第8型人需要记住的事项：

你可以——

- 在情感上自我保护，同时记住你无法避免受伤。
- 明白尽管你无法控制结果，但是你可以领导和制订计划。
- 领导别人，如果有人愿意跟随你。但仍要尊重他们的观点。
- 了解“适度”“协作”和“耐心”的价值，并有意识地付诸实践。
- 和积极进取的人共事，但要记住，你总会在工作中遇到不积极的人。

但你不能——

- 己所不欲，却施于人。
- 在不受影响的情况下影响世界。
- 用行动和能力解决每一个问题。
- 总是领导别人。你必须学会谦虚地跟随另一位领导者。
- 逃避或否认自己的弱点，却仍然在人际交往中取得成功。
- 让其他人完全遵从自己的意见，而不考虑他们接收信息的方式。

所以你需要接受——

- 你不能保证结果。
- 你不可能总是正确的。

- 有些事情比自己重要，更应关注。
- 你在压力下茁壮成长，但其他人不一定。

如何与第8型人相处

我们与第8型人交往时应该记住，他们的强势并非专门针对谁。他们不是故意伤害别人，不要误解他们一些过激的观点和强烈的情绪。以下是其他一些方法，可以帮助你与身边的第8型人更好地相处：

- 请注意，第8型人有时会将“温和”误认为“控制”。
- 请记住，第8型人通常意识不到自己对他人的影响。
- 不要拐弯抹角——第8型人希望沟通简洁、直接和真诚。
- 虽然第8型人强势而自信，但是不要忘记他们仍然需要关心。
- 鼓励第8型人定期锻炼。良好的锻炼计划能消耗他们多余的精力。
- 请注意，第8型人之所以在交往中控制他人只是因为他们不想被控制。
- 请对一切尽你所能。做你承诺的事情，让第8型人知道你已经用尽全力。
- 第8型人喜欢坚定的态度。请你相信自己及自己的想法和信念，并保持坚定。

- 承认第8型人所做的贡献，但不要阿谀奉承，因为他们既不相信也不需要奉承。
- 如果你软弱，如果你不愿意提供信息，如果你不诚实，如果你不直截了当，那么你就会被第8型人忽视。
- 第8型人不喜欢别人在背后议论，他们不明白你为什么要这么做。他们如果有机会，会对你说：“你为什么要告诉别人你对我的看法？直接告诉我。我能解决。”
- 如果第8型人对你不满意，就会对你直说。如果他们没有告诉你，但是又似乎与你疏远，那很可能与你无关。

NINES

第 9 型人

社交难免冲突

安迪·古拉恩属于第9型人，也是一位非常有才华的音乐家。他在得克萨斯州奥斯汀市上高中时第一次参加大型演出。他向我回顾了这段非凡的经历：

“我职业生涯中最美好的事情发生在我十六七岁的时候。我高中开始学习吉他，由于我一直练钢琴，有音乐基础，所以吉他学得很快。弹吉他很快成为我的爱好。我父亲律师事务所的一位女同事拥有一个乡村乐队，她问我是否想去奥斯汀以外的地方演奏吉他。我愿意在任何地方和任何人一起演奏，所以我答应了。

演出在得克萨斯州佩德纳莱斯河畔的一个消防站里举行。我开心地与乐队一起演奏，观众在车道跟随我们的音乐唱歌跳舞；我们演奏了四五首歌。正当每个人都享受其中时，我抬起头，看到威利·纳尔逊（Willie Nelson，美国著名乡村音乐偶像）走向我们。那天是他的生日，这个消防站就在他的农场附近。他认识我们那位正在唱歌的女士，与她聊了一会儿。之后，那位女士问：‘你想一起来吗？’

威利回答：‘是的，当然。’他上台和我一起演奏了几个小时。我很高兴能够用节奏吉他为威利的任何调子伴奏。因为他的歌曲我都熟悉，所以我伴奏起来没有问题。我们都很开心，一起演奏得很开心。那一刻我很激动——这是我第一次真正的演出！我竟然能为威利·纳尔逊伴奏！

我和威利此前从未谋面。演奏结束时，我对他说：‘谢谢！’他回道：‘谢谢你！’仅此而已。”

这个故事为什么会发生？

- 请想象你从头到尾都经历了这个故事。
- 你认为，对于和威利一起演奏的那一晚，你的感受和安迪的感受有什么不同？
- 如何运用九型人格理论解释安迪的感受和你的感受之间的差异？

如果你是得克萨斯州一位16岁的乐手，你的首场演出就是用节奏吉他为威利·纳尔逊伴奏，这会是一件非常重大的事。但是，安迪是一位第9型人，因而哪怕有幸为乡村音乐传奇人物伴奏，他也能够不对这场经历掺杂个人情感。事实上，我们需要通过与陌生人的交往来了解自己，这样才能更好地了解我们在日常生活中如何处理人际关系。通常，第9型人能够切断任何关系。

第9型人倾向于从各种事件中抹去自己的痕迹。与某人交往，无论是谁，或交往了多久，对我们所有人而言，都会经历不同的脆弱情感。而第9型人告诉自己，自己的存在并不重要。他们可以贡献他们必须提供的东西，也可以不贡献，因为他们相信自己不会影响结果。但威利·纳尔逊之所以在佩德纳莱斯消防站举办盛大的生日庆祝活动，部分原因正是因为他想弹吉他，并演唱自己喜欢的歌曲。多亏安迪·古拉恩早已熟悉威利的所有歌曲，并且能够用节奏吉他弹奏任何曲调，那天晚上的音乐才更加动听。除安迪自己外，所有人都认为他的存在至关重要。

当第9型人与别人——尤其是他们最喜欢的人——邂逅时，如果他们能够意识到自己的存在很重要，就能对这次相遇产生积极的影响。

第9型人的世界

在所有人格中，第9型人最不活跃。他们很随和，对人不苛求——他们只是不会来事——因为在他们的经历中，强势和欲望经常导致不适和麻烦。但是，随时保持这种随和也需要下功夫。

我的丈夫约瑟夫是第9型人。虽然他是我认识的最好的人，但他很容易分心。我的日程安排得非常充实，因此很难在一个非假期的周末回家。几年前，在一个非假期的周末，约瑟夫说他很高兴我能在家，他为这段时间做好了计划，只为了能够好好地宠爱我。计划包括：睡懒觉，在床上吃早餐，看电影，小睡——我承认，与他共度的时光是我最宝贵的财富。

你无法改变你的世界观——你只能改变你对待自己世界观的方式。

周六早上我们醒来时，他让我待在床上看书，他去为我冲咖啡。我从床头柜上挑了一本书开始阅读。我读着、读着、读着……最后，我听到前门开了，然后是厨房门打开和关闭的声音。我边听着报纸拍打厨房柜台的声音和车库报警系统响起的“哔哔”声，边做着笔记。当我听到车库门打开时熟悉的“吱吱”声，随后割草机声响起，我便开始怀疑我的丈夫是否还记得我在屋里。

我站在后面的露台上，双手叉腰，好奇和失望的表情各占一半（来自约瑟夫的描述）。约瑟夫把我忘了，我感到自己对他不重要，被遗忘、被忽视。约瑟夫看到我，放下了割草机的手柄，坚持要我回到床上，说他会立刻把我的咖啡送到屋里。片刻之后，他站在门口端着我的咖啡说："你想知道发生了什么事吗？"

"非常想！"

"好吧，我正往厨房走，突然听到有只猫在前门吵闹。我赶走它后，在门口看到一张报纸。我捡起来，把它从塑料袋里取出，把塑料袋丢进垃圾桶，把报纸放在厨房柜台上。巧的是，广告页被我放在最上面。你猜怎么着？我看到美国'家得宝'公司的割草机股线正在打折！我知道你不是很了解割草机股线，但是……"

"你说中了，我对我们的割草机和股线一无所知。"

"股线很贵，还分好几种尺寸。我去车库确认我们用的是什么尺寸，幸运的是我们用的这款正在促销，买一送一。太棒了吧！所以，我把割草机放回去，心想，清晨天气真不错。我应该修修草！"

如果你正和第9型人交往，你必须接受他们在生活中会随时分心的现象。他们即使刻意克服，也常常会迷失于做不属于当天计划的事情。当他们分心忘记你时，请不要认为他们是故意的，他们的分心并不是因为你不重要，而是与他们看待世界的方式有关。第9型人不管手头忙着什么，都会因自己眼前发生的事情分心。他们经常告诉我，自己一直在努力解决容易分心的问题。

冲突和自我保护 每个人都会逃避一些事情，第9型人会逃避冲突。对他们而言，很少有事情值得争论，除非某个决定会危及自己的正直和本心。第9型人真的不想浪费时间来讨论他们所谓的“小事儿”——或许这就是他们性格温和的秘诀。

人们被第9型人吸引，想要了解他们。但有时第9型人会感觉，别人想从自己身上获得的东西似乎太多了——别人想知道他们的全部，想知道他们究竟是谁，还想知道他们赞成什么。这真是一个挑战，因为第9型人往往会顺从别人的想法和安排以避免冲突。每当他们这样做时，其他人常常感到困惑，怀疑第9型人是否值得信任。

婚姻和家庭治疗师克里斯·冈萨雷斯博士解释了第9型人顺从他人的现象：

> “我一直在努力寻找或理解自己，因为我的个性表现常常会发生巨大变化，这取决于我跟谁在一起以及我们在哪里。如果我和一个情感十分丰富的人在一起，我往往会非常情绪化。如果我周围的人属于支配型性格或我自己被迫卷入无益的冲突或愤怒，我会选择顺从。我会尽一切努力来平息他们的怒气，最大限度地实现和睦。”

尽管这样做的动机是保持和睦，但克里斯知道，如果相处的对象是生活中抬头不见低头见的人，这种行为是多么怪异而令人困惑。

第9型人可能永远不会真正拥抱冲突，但可以通过勇敢地说出想法、提出偏好，来试着加入困难的对话。这样做不会有什么损失，而且有益于他们的人际关系。而如果他们不这样做，对方就会猜测、假设、期待他们的想法。迈克·麦克哈古（Mike McHargue，又称“科学迈克”）认为冲突有助于关系的发展：

> “我知道自己甚至连有益的冲突都会抗拒，而它实际上会帮助我们产生亲密感并增强人际关系。但明白这一点后，我会有意识地在必要时去探索和体验冲突，以克服我个性中较懦弱或难搞的一面。如果没有学习九型人格，我永远不会发现这些。”

在人际关系中，猜测、假设和期待是令人疲惫的、没有益处的，而且大部分是徒劳的。跟其他人一样，第9型人也会有欲望、有想法、有偏好。他们如果愿意尝试，就完全能够把这些东西说出来，这也能改善自己的人际关系。

惰性　第9型人经常受到误解，不过只是温和的误解。他们总是在做事，但有时会在错误的时间做正确的事。最近，一位第9型人告诉我，他在得克萨斯州阿比林市听一位老师重新定义了“惰性”：“惰性不是懒惰，它只是使你忙于做一些你当下不应该做的事情。”从新的角度思考惰性后，这位第9型人深受打击：“我非常、非常善于做事，也善于让每个人相信我在做的事非常重要。但事实上，我因为忽略了其他我应该做却不愿意做的事，所以精力才那么充沛。”只有第9型人才能够有如此独到的见解！

第9型人通过逃避需要做的事情来打起精神。事实上，他们由于某种原因逃避自己需要立刻处理的任务时，会得出一些极好的想法，或产生极具创造性的思维。然而，那些与第9型人相处的人往往不理解这种行为。他们认为第9型人懒惰，并认为如果有事情要处理，他们就得亲自上阵了。

正确的行为 九型人格理论最有价值的一个方面在于：它认为每种人格都有值得肯定的地方。第9型人为了和睦，在看起来无关紧要的事情上顺从他人，这种行为可称为正确的行为，了解这一点对理解人际关系至关重要。第9型人并非不坚定、易受别人影响、没有界限之人，但他们精力有限，很在意消耗精力的方式。很多其他类型人认为很严重的事情，第9型人并不会为其激动。对他们来说，大多数事情都不值得产生冲突，因为这往往会带来风险和损失。但是，当某些事情真的很重要时——当它涉及有关一生的决定时——第9型人会变得积极、勇敢、忠诚且坚定。“科学迈克”是这样

9

有时第9型人看起来心不在焉或漫不经心，但这并不一定代表他们不感兴趣。

解释的："我已经学会了如何自信地表达自己的观点，这似乎是我人生中需要努力实现的目标。事实上，我已经找到一种可成功实现和睦的方法。"

关于"去哪里度假"甚至是"去哪里吃晚餐"的分歧都会让第9型人感到不安。但是毫无疑问，当知道自己需要做出选择以应对十分重要和极端冲突的情况时，他们就会毫不犹豫地去做。对于有些重要的事情，不能为了虚假的和睦而妥协，这时第9型人就会挺身而出，从而产生一种特定的自我价值感和重要感。这样的情况可能不常见，但是一旦发生，第9型人以及他们的人际关系就会变得更好。

愤怒　第9型人与第8型人、第1型人共同位于九型人格动态关系图顶部的"愤怒小组"。第8型人在生你气时很清楚自己为什么生气，他们会等待你的回应，然后继续自己的一天。喜欢消极反抗的第9型人却不是这样。他们非常固执——或许是九型人格中最固执的一类，不愿意被唠叨、被催促或被强迫做任何事情。所以，如果这是你与第9型人相处的方法，你会遭遇很多挫败和失望。他们会用自己的方式告诉你他们在伤心或生气，但这些方式都不是直接的。你可以有效应对第9型人通过模棱两可的建议和非语言方式表达出来的伤心或不

根据九型人格理论，你最大的优势同时也是你最大的劣势。

满，但这需要花费你们双方的时间、精力和理解力。

第9型人愤怒的时候会变得不那么精明，会通过被动表达情感来拖延时间。他们不仅担心直接和强势的口头交流会导致关系破裂，而且担心一旦完全释放自己的愤怒，就会控制不住。

如果你由于生气而与第9型人沟通困难，他们常常只会坐在一边等着你说完，然后巧妙地避开这个话题，直到事情解决。无论愤怒源自何处，他们都可能会选择逃离，让别人无法接触自己，并相信随着时间的推移，问题会自行解决。第9型人应该知道，在这种情况下，逃离往往会使对方更加沮丧和愤怒，使得这些事情无法“被解决”。

如果你在和第9型人交往，请

第 9 型人的人际关系

与第1型人的关系：当第1型人已经想通一切并准备前进时，第9型人常常还想抱观望态度。第9型人需要记住，虽然等待一个合适的时机很重要，但把握采取行动的时机也很重要。

与第2型人的关系：第2型人和第9型人交往频繁，而且通常相处很融洽。第9型人可以让第2型人懂得，对别人的每一种情感都做出回应是不必要的，也是不正常的，这样可以促进他们之间的关系。第9型人还可以帮助第2型人认识到他们往往过度介入了别人的生活。

与第3型人和第6型人的关系：第9型人在压力下会类似第6型人，有安全感时类似第3型人。第9型人需要学习第3型人的自信，相信自己的价值，并相信别人欢迎自己全面参与到生活中来。第6型人让第9型人在合适的情况下接受这样的事实：不是每个人都值得信任。如果第9型人拒绝承认这一点，他们不愿受生活影响的想法会事与愿违。

与第4型人的关系：与第4型人长期相处时，第9型人的散漫可能会是影响人际关系的一个问题。

与第5型人的关系：与第5型人交往时，第9型人最好询问他们想要什么、需要什么，这样做对双方都会有好处。

与第7型人的关系：第9型人和第7型人拥有相同的世界观，两型人都思想开明，喜欢多样化。但是第9型人与第7型人相处时必须小心谨慎，避免关系破裂。第7型人想要第9型人去注意后果，因为这不是第7型人的强项。

与第8型人的关系：第9型人不允许第8型人定义他们的关系。这是不平等的，这表明你们都不够尊重对方。但是第9型人如果能够表现出自己真实的一面，其实能与第8型人相处得很好。

与第9型人的关系：第9型人之间相处时，都应该主动质疑现状。

记住，他们处于消极反抗状态时，也会表达出自己的伤心和失望——只是通过间接的方式。例如，我丈夫约瑟夫常常会在去上班约一个半小时后给我打电话。当我们关系不太好时，他快到中午才会打。我问是不是有什么事，他常常否认，然后说自己得挂了，稍后再打。事实上，这是因为我做过或没做的事情让约瑟夫伤心或生气了。他希望我知道，但他不想讨论这件事。他更喜欢让我意识到他不开心，找出他不开心的原因，以后避免做出让他不开心的事，然后继续生活，就像什么都没发生过一样。

平心而论，我必须说，经过多年的努力，约瑟夫比之前更会直接沟通了。通过他的努力，我们的关系也更亲密了。如果我们没学过九型人格，我们不可能发现这种他对伤心和失望的习惯性反应，我们双方的努力可能会南辕北辙。

压力人格与安全人格

第9型人面临压力时经常表现出沉默寡言、犹豫不决、不爱交流、神神秘秘、固执倔强的特点。他们经常缺席（无论是情绪还是身体），而在场时也不能或不愿冒险与他人交际。第9型人不愿受任何东西控制或影响，因而即便已经感知到障碍，他们也会轻视解决障碍的重要性。但是处于这种行为模式的第9型人可能会错失无法复得的机会。在人际交往中，生活是现场直播，你必须真正参与，亲自去体验。

有些类型人喜欢让一切尽在掌握之中，而另一些类型人想要顺其自然。

第9型人面临压力时呈现出第6型人成熟和更健康的行为特点，往往能够以有意义的方式影响自己所处的环境。这时第9型人通常会更加直言不讳，尤其是涉及对公共利益最有利的事情时。我的女儿詹妮是第9型人，在一所学校担任管理员。因学校改革后的薪酬体系并没有优待从教多年的教师，詹妮为全体教员上诉直言。她的发声和介入让所有人都大吃一惊。第9型人十分关注正义问题，所以有时会在压力下站出来采取行动以伸张正义。

第9型人生活顺利、有安全感时，通常能够采取一些类似于第3型人的行为模式，基本上总是在行动、做事和完成任务。在这种状态下，第9型人能为自己设定可实现的目标。当他们积极行动并相信自己及自身的作用时，合作伙伴和同事都会很高兴。

人际交往中的障碍

在九型人格中，第9型人最难确定一段关系中的自我定位。他们来到这颗星球，但不希望受到生活的影响，并倾向于顺从他人的想法和安排。克里斯·冈萨雷斯对这一点解释得很好。他说自己在与别人进行重要对话时，会努力“融入别人对自己说的话或关于自己的话”。他说：“这就像是看一面模糊的镜子——我无法看到或听到自己，因为我正努力去观察别人。”

克里斯提出了一个重要的见解：

> “我与界限明确的人共享空间时，会自动顺从他们。要将我的想法和感受与对方所表达的内容区分开来，需要花费太多力气。但对方不在场时，我可以更加清晰地思考，并清楚我想要什么、我认为怎样以及我相信什么。我需要很多精力去了解自己。所以如果我耗尽精力认识你，我就会很奇怪地忘记自己。”

与第9型人相处时，我们常常感激他们能够顺从我们的安排，因为这使得我们可以按照自己的方式行事。若他们突然提出与我们的想法冲突的强硬意见或诉求，就会令人既惊讶又困扰。即便如此，如果第9型人能够直言不讳地表达自己的所思、所想和所需，这对于一段关系来说要更好。

与第9型人沟通可能会令人晕头转向。毫无疑问，第9型人经常会说符合你期望的话或者什么都不说，他们认为这样做可以维护你们之间的关系。他们只有经历过表露自我情感才会发现，不诚实或不愿诚实会使关系破裂而不是得以维持。

第9型人趋向于顺从他人，因此，人们很容易认为，他们会倾向屈服于同伴的压力——而事实刚好相反。在第9型人看来，自己只在无关紧要的事情上顺从。第9型人准确地知道，无论有没有别人的帮助，他们都能够自己做决定并采取行动。事实上，他们是独立的，他们独立思考且满足于独自行动。第9型人能敏锐地察觉到别人想从他们身上得到什么，不会为了参与活动或团体而拿自己的本心去冒险。然而与其他大多数人格者不同，第9型人对他人的反对保持沉默，不希望任何人注意到自己的缺席。

在我十几岁的时候，我们征求父母同意时用的理由是“大家都这么做”。然后父母会说：“如果大家都跳楼，你也会跳吗？”第9型人不会跳，不过如果你想跳，他们会让你跳。

9

当需要有人鼓舞大家向目标迈进时，第9型人表现最好。

在决策和行为方面，第9型人

是所有人格类型者中最没有控制欲的。他们对“独立”的见解是双向的——他们想让自己独立，也希望让你独立。

相处之道

我经常向别人提起我的朋友帕齐，一位视障儿童教师。在一次学生家长培训会上，一位眼科医生给每位父母带去了一副特殊的眼镜，想让他们体验孩子能看到和不能看到的东西。

结果令人惊讶。帕齐说：“家长们抱着自己的孩子，告诉他们自己有多自豪。孩子们则沉浸于自己极其渴望的赞美中，”这是因为特殊的眼镜向父母揭示了孩子们面临的挑战，“父母们意识到，自己的孩子视力这么差却依然能表现得如此出色。他们的望子成龙变成了难以置信。”

这个故事对37岁时因先天性疾病失去视力的比尔·米利肯产生了重要影响。他说：“帕齐用真实的例子说明，人们看待世界的方式各不相同，我们应尽力从他人的角度看待世界。”

比尔的职业是调解员。他告诉我，他是第9型人，因此几乎总能洞悉并体恤冲突中的各方。他说：“我清楚地知道，优秀的调解员能够看到、理解并体恤生活的各个方面。但这并不意味着我对冲突中的一方或另一方没有强烈的倾向。这只意味着我可以在讨论中清楚地指明每个人的看法——这难道不是每个人都在寻求的东西吗？即谈论生活、看待生活时被理解的可能。”

不幸的是，我们评判他人之前往往并不能按照他人的视角来看待问题。我们就像这些视障孩子的父母一样，没能看到他人在生活和探索世界时遇到的障碍。如果不能从他人的视角来看待问题，人际关系肯定会受到影响。

第9型人能看到一切事物好的和坏的方面，因而很难做出决定，这导致他们在人际关系中常常顺从他人。然而，如果第9型人愿意表达自己的想法，就通常会以正确的理由走上正确的道路和方向，从而使每个人都受益。

给第9型人的建议

请理解我们能控制什么和不能控制什么。第9型人需要记住自己的看法很重要，因为它们真的很重要。第9型人还需注意以下事项：

你可以——

- 很好地避免一些矛盾和解决其他矛盾。
- 认识到你在坚持自我身份时的人际关系最佳。
- 学会调节“因顺从而后悔”和“因不顺从而害怕”的情绪。
- 试着以有益的方式参与冲突，要明白避免冲突往往也会导致冲突。

但你不能——

- 总是避免冲突。
- 总寄希望于“以后”。
- 期待人们理解你的想法。
- 保持健康、完整的人际关系，如果你既想独立于他人之外，却又与其保持关系。
- 避免人际关系的破裂和损失。有些人际关系不会持久，也许双方并不打算持久相处。

所以你需要接受——

- 有些问题无法自然解决。
- 对于周围人的生活来说，你的存在很重要。他们依靠你，信任你，并希望你完全投入到你们的生活中。
- 有时你必须坚持自我。无论代价如何，这都是你应该做的。
- 没有怒气、失望和冲突的健康人际关系是不存在的。

如何与第9型人相处

第9型人需要许多肯定和关爱。如果第9型人勇敢且诚实地对你说“不”，你一定要让其知道，不管他们会如何反应，你都欣赏他们的诚实且不会离开。与第9型人相处时，请记住以下事项：

- 请鼓励第9型人在交往中坚持自我。

- 请鼓励第9型人与你分享他们的不满。
- 第9型人喜欢且可能需要一个平静的环境。
- 第9型人想要直截了当地知道你对他们的期望。
- 第9型人不会迅速做出决定，且不常需要你的帮助。
- 第9型人既想要又需要自己的时间、空间和独立性。
- 第9型人有自己的想法、梦想和偏好，请鼓励他们说出来。
- 关注第9型人所做的事，而不是他们忘记做或没有做成的事。
- 请记住，第9型人十分慷慨。若不注意，这份慷慨就容易被利用。
- 若第9型人被不重要的事干扰，你可以通过提问来重新引导他的注意力。
- 请记住，第9型人同意但不一定会参与，真正参与时，也不代表真正承诺。
- 当第9型人说话时，不要打断。请为他们留出迂回的空间，他们会进入正题。
- 不要说："你难道不认为我们应该________吗？"答案几乎总是肯定的，而且往往不是第9型人所思所想的。相反，请试着问："你认为我们应该________吗？"
- 第9型人不喜欢对抗，但这并不意味着你永远不应该和他们对抗。反对各种观点也是生活的一部分。

ONES

第1型人

事情还能做得更好

一个闷热的夏日午后，我在纳什维尔教九型人格理论入门课。前排附近坐着一对俊俏的年轻夫妇，妻子阿曼达衣着讲究，神情专注，面目和善。丈夫克里斯托弗整体来看也很好——衬衫熨得平整，胡须也修得整齐，表达非常严谨得体。我开始讲第8型、第9型人格时，他们专心听讲，记记笔记，有时会点点头表示赞同。但当我开始讲第1型人格时，他们仿佛换了个人——似乎不太舒服，带着惊讶。两人面面相觑，探着头想听得更清楚，但我讲得越多，他们似乎就越痛苦。妻子阿曼达不时哭出声来，丈夫克里斯托弗则一边控制自己的情绪一边安慰妻子。

当时我就猜这夫妻俩都属于第1型人。

第1型人听到讲自己时，感到既欣慰又惊讶。当我描述他们的观点时，他们经常感到认同。当听到自己天生就擅长评估每一种情况并能够看到改进的可能性时，他们坐得更直。我又谈到，那些对自我进行批判的人会不断告诉自己可以做得更棒、变成更好的人——这引起了他们的格外注意。

阿曼达说："第1型人最主要的问题是，觉得一切总不够好。我一直在追求完美，但却无法实现。根本不可能实现。"克里斯托弗赞同道："别人只需要做到'够好'，而我必须做到'最好'，而且不仅仅是接近'最好'。我不想得C，我想得A+。"

这个故事为什么会发生？

- 如果你内心批评的声音不断告诉你，你"什么都不够好"，你觉得会怎么样？
- 那个声音及其对完美的要求会怎样影响你的人际关系？
- 在你看来，"好"与"最好"之间有什么区别？

请在处理人际关系时记住，你无法改变自己看待事物的方式，你能改变的只有你对待自己观点的方式，这非常重要。与第1型人不同，有些人格类型的人不会注意到什么事物不对劲或不起作用，还有些人格者可能会注意到，但并不在意。考虑到这一切后你会发现，"完美"一词经常与第1型人相关联，即使他们不喜欢这个词。

九型人格理论告诉我们，我们应对危机的九种方式是习惯使然，是能够预测的。

我和伊恩·克朗一起写书时，曾就“如何命名第1型人”进行了几次讨论。我认识的第1型人建议使用“改革者”或“评估者”，这两种方案我们都考虑过。事实上，大多数第1型人一生大部分时间都在寻求思想和言行上的完美。他们追求完美的理由是可敬的，但这无法改变他们追求完美这一事实。但“完美”就像一座冰雕，只有气温不变，才能持续存在下去。

如果你和第1型人有接触，你就很可能要和一个你听不到的批评者做斗争，“他”对第1型人大多数的行为和想法吹毛求疵，并告诉第1型人，他们糟糕透顶、无可救药。不幸的是，第1型人应对的方法是在别人身上挑错，因而经常在你身上找错。他们认为批评是关心人的表现，所以必须有人提醒他们，并非每个人在被纠正或被鼓励时都是这样想的。

阿曼达和克里斯托弗都是第1型人，他们的关系是美丽而复杂的——都渴望完美，但对应该优先追求哪些方面的完美，他们的看法不同。对于他俩来说，自己一生都必须与内心的批评声音做斗争。他们虽然会控制那种批评的声音，但很难真正接受自己和他人身上的不完美，并找到一种适应这些不完美的方法。

第1型人的世界

第1型人对一切事情的第一反应是“我怎样才能将其变得更好”；而别人可能在想：“我怎么能完成这件事情并继续？”或者：“我真的需要完成这件事情吗，现在已经完成得足够了吗？”抑或：“这当然已经足够了。”甚至：“稍有欠缺又有什么关系呢？如果他们想继续调整，就让他们去调吧。”只要第1型人认识到他人的反应与自己之间的不同，那便没有什么问题。第1型人很难理解那些不想尽力做好每件事的人，更不用说尊重。他们很难接受不够完美的事情，而如果要努力接受，他们就会痛苦不堪。

我的一位学生给我讲了一个故事，正体现了这种对完美的渴望。他跟我说，我毁了他的生活。由于我习惯了人们说我或者九型人格知识“挽救了自己的人生”，所以此刻我不知道该怎么回应。

“我怎么毁了你的生活？”

“你知道的，我现在刚进大学，需要一些额外空间来存放书籍。所以我买了一个书架，但组装需要一把内六角扳手，也需要幽默感和耐心。说明书里包含所有部件的图表，还说如果有任何部件缺失，我可以拨打页面底部的号码，保证十个工作日内补寄。

后来我发现缺了两颗钉子—— 一颗螺丝钉和一个装饰性螺丝

盖，我想我最好赶紧要求补寄。但我在脑海里听到你对我说：‘谁会那么做呢？！’在那一刻，我同意了你的看法。我忽略了脑海里的另一个声音，放弃了我更好的判断，所以即便零件不够，我也把书柜组装好了。”

我祝贺他能够适应这些小小的缺陷，但我很快就发现，他既不为自己的选择感到骄傲，也并不感激我。他说：“我无法忍受和那个该死的书柜待在一个房间！每次看到书柜，我都会想到那些缺失的零件，就会想到我以一种不负责任的方式随意组装，因而我最后非常烦恼，不得不把书柜放到房间后部我几乎看不到的地方。每当我想起那个书柜，我都会对自己感到失望！”

当不同人格类型的人试图就“做什么”达成统一意见时，问题就出现了。

九型人格中，再也没有第二种人有如此多的要求，需要谨慎地回报。哪里都有不完美，即使实现了一些完美的表象，它维持的时间也只不过如正午阳光下的雪花一样短暂。我们大多数人都很难想象，自己的内心每时每刻都有一个声音在批判自己和自己的选择。但如果我们试图采用第1型人处理生活的方式而忽略了这些现实，那么我们的人际关系将很难让人满意。

愤怒　在我长大的得克萨斯州农牧业社区，几乎每年夏天，我母亲和其他多数妇女都会将夏季丰富新鲜的蔬菜和水果罐装保存。她和邻居每周花一天多时间在高压锅里罐装玉米、绿豆和西红柿，这些高压锅很重、很复杂，对我来说有些神秘。锅盖顶部的调节器是用来测量锅中的蒸汽的，气压刚好时就会摇动，气压太大时就会漏气。

高压锅的蒸汽就像是第1型人生气的样子，他们会生闷气。这使他们的人际关系变得艰难，可能造成深深的遗憾。因此，第1型人以及他们所爱的人需要获得必要的帮助，以有效控制自己的愤怒。

请记住，第1型人生气时通常不会爆发和歇斯底里，而是表现得更为隐秘——他们怨恨。他们对某事感到生气时，首先将怒气转向自己，对自己和他人的错误和失败感到羞耻。而后，羞耻增加了痛苦，导致了复杂的怨恨。这一点需要那些与第1型人交往的人理解。

詹妮是一位妻子，是一个高中行政人员，是三个十几岁儿子的母亲。她属于典型的第1型人——有条不紊，注重细节，努力工作，也是那种即使在凌晨2点也会毫不犹豫地去机场接你的朋友。但她认为自己已经不止一两次“不完美”了。

1

第1型人完成一件事后，关注的并不是庆祝完工，而是怎么能够做得更好。

一次发生在她和两个孩子一起

度假时，另一次是在路上。“我们一家人住在凤凰城，决定去塞多纳玩一天，”詹妮说道，“我准备为孩子们拍一些精彩的照片，特别是可以用来制作圣诞贺卡的照片。”

不巧，到了距离目的地只有几英里的地方时，詹妮意识到相机不在车里：“老实说，起初我想责怪我的丈夫。但我很快想到，他从来不拍照，相机是我的，只是我忘了拿。”他们手上的手机还不能拍照，所以詹妮的丈夫在一家店停下来，买了个一次性相机。詹妮说：“赛多纳的每个地方都是如此的美丽，我却在那里用一次性相机拍照。用一次性相机啊！”

詹妮坦言，当他们徒步游玩并探索美丽的红色岩石时，她“满脸抱怨，几乎没有说话”。到了午餐时间，她已经冷静下来，但仍然因为自己的错误而烦恼。“就在那时，我的丈夫，亲切却又坚定地看着我的眼睛，说道：‘你需要放下——你不能就因为一个相机毁了我们的一整天。’”

第1型人经常错过更重要的东西，因为他们会强迫自己把注意力集中在错误或不合适的地方。“我们有两个可爱的儿子，他们热爱探险，而我却搞砸了，”詹妮坦言，“我只是总忍不住想自己忘了带相机。那件事情多年以后，虽然我已经学会如何不过度讨厌自己，但我仍然对忘拿相机这件事记得比当天发生的其他任何事都清楚。”

第1型人经常有挫败感，但其实很少会真的发怒。詹妮之所以对忘带相机感到沮丧，并不是因为无法记录当天的美好片段，而是因为忘记带相机这件事本身意味着她“失败”了。第1型人感到愤怒时，会否认自己的愤怒，转移注意力、自欺欺人，然后继续前进——通过完善可控范围内的事情来缓解愤怒，例如下一次出游时确保记住要注意的每一件小事（列个清单）。

第1型人爱得很深。他们尽其所能地保护和关心与自己有关系的人。他们周到、细心、警觉，且乐于助人。但是即使是在恋爱中，我们和第1型人相处时也很难做到融洽。他们之所以会有这些反应，与他们看待世界的方式有关。他们试图事事做得完美，因而看到的各处都不完美。请记住，第1型人对自己的要求比对别人严苛得多。当自己没有耐心，且自觉期望不合理时，他们常对此感到后悔，特别是在家里时。

缺乏真正的思考　第1型人倾向于从责任和工作的角度看待生活。他们专注于眼前发生的事情，且尽力作出当下情景需要的最恰当反应。他们十分在意自己的做法以及他们在每种情况下的反应是否得体。通常情况下，这常常使他们顾不上在相处中满足情感需求和期望。

> **1**
>
> **第1型人通常是第一个回应需求的人。**

好在有一个方法可以解决这个

问题。但当我指出第1型人在决定应该做什么及怎么做时经常思虑不周，他们往往不愿承认。因为他们认为，自己一直都在思考。事实上，他们是与心中讨厌的批评者进行对话，而不是在进行思考。通常，第1型人所误以为的思考，只是他们对内心批评者给的提示做出的回应。玛丽是一位妻子和两个儿子的母亲，她这样说：

> "我总意识到还有许多事要做，所以我不给自己任何放松的空间。这在无形中对人际关系造成的影响便是：我也不允许周围的人放松。所以，如果我在家里，无论我说没说话，我都紧张不安，因为我知道自己还有许多事要做，我不能闲着。当然，这些事完全可以留到明天去做，不必今天就完成，但我会想：'我还有一点时间，我应该完成。'当我对那种继续做事的冲动做出回应，我便向在场的所有人都发出'不能放松'的信号：'如果我在行动，你们也要动起来。如果我不能冷静，你们也不能冷静。'"

如果第1型人做事时既能考虑到情感需要，又能三思而后行，那么他们可能会做出不同的选择。这将有助于改善其人际关系。

害怕做不好　我生活中有很多第1型人，我真的很喜欢他们。他们很有魅力，很有趣。尽管第1型人看起来很有安全感并且相当自信，但我们知道每个人都有害怕的东西，而第1型人会害怕自己做得不好。因为第1型人认为在某种程度上，满足他人的期望会使自己更有价值，让自己更有安全感。对他们而言，人际关系更多是要维持良好的表现，而不是良好地相处和爱护。

但是，越是关注别人对自己的期望，第1型人就越会迷失自己的需求和渴望。一旦进入这个模式，他们对自己判断的标准，就只是衡量自己是否达到别人所定义的“好”。一段时间后，规则、标准和指令就会成为决定他们评估自己成败的标准。不幸的是，他们经常跟我说他们不能达到为自己设定的标准，而想要做得更好的心情，却如影随形。

我敬重并心疼第1型人。当他们把这种恐惧和期望的枷锁带到成年期时，生活可能会变得非常苛刻。与第1型人相处，你必须坦诚相待，但更重要的是用他们能够听懂的方式告诉他们，他们很优秀。请尽可能多地以各种方式去做这一点。

压力人格与安全人格

处于健康状态时，第1型人人际关系和谐，他们放松、迷人且有趣。他们总是尽职尽责，做好所有重要的工作。健康状态时的他们，可以容许别人对“做得好”的构成要素有不同的见解。

处于不健康状态时，第1型人容易与人起争执，且不愿妥协。他们有很多期望，如果预期没达到，就会产生怨念。这时的他们挑剔且难以捉摸，很难被取悦。第1型人身上有过多这样的表现，这绝不是一件好事。在处于所属人格类型的不佳状态时，我们都不好受。因此，为了尊重我们的人际关系，我们要小心自己的某些行为夸大那些我们看来重要的事情，最终导致我们与关心的人出现隔阂。

第1型人压力过大时，会开始给“错误”加上道德价值。如果有人迟到或忘记了某次会议，第1型人的这个倾向可能会升级。他们可能首先认为这个同事懒惰或冷漠，继而形成“这个同事无用”的固化印象。像这样的标签可以伤害、损坏甚至永久改变一段关系。请记住，第1型人之所以这么做，是因为他们在犯错或迟到时会严责自己，同样也这样要求别人。但是别人不会以这种方式苛责自己，所以很难容忍第1型人的这种行为。

面临压力时，第1型人的自然反应是专注于他们可以做到完美的地方。我有一个第1型人格的好朋友，他说：“当世界变得如地狱一般时，我会打扫自己的‘浴室’。”

值得庆幸的是，九型人格理论向我们展示了每型人格向其他人格的本能性转变，这不仅可以帮助我们维护人际关系，还能帮助我们减少痛苦。面临压力时，第1型人格会趋向于第4型人格，如此一来，第1型人就可以通过不同的方式体验和表达自己的感受。这时的他们不认为自己差劲、堕落、懒惰或愚蠢（有很多标签是第1型人给自己贴的），相反，他们会体验到自己不必修正的情感。这是件好事——因为他们内心的批评者对情感的控制力没有对行动那么强，因此第1型人可以得到心灵的解脱，然后以更好的状态重新建立与世界的联系。

第1型人感到安全的时候，能表现出第7型人格的精神和行为，从而可以稍稍放松。他们在看待生活、工作和人际关系时会少些批判，多些包容与平静，甚至允许自己找些乐子。

我父亲是第1型人，我妈妈是第5型人。他们收养我时，一定克服了双方在世界观方面的诸多差异。在我看来，他们玩的时间不比工作的时间少，但是工作时，他们也会认真对待结果。我的妈妈曾经说过："你爸爸犯错时会很伤心，但是如果他做对了，那整个世界就都对了。"

第1型人的人际关系

与第1型人的关系：第1型人之间能相互理解。然而他们永不满足，导致其将关系的提升视为衡量关系许多方面的标准。实际上，有些事情已经足够好了。

与第2型人的关系：第1型人和第2型人有截然不同的生活态度。第1型人很实际，而第2型人注重关系。前者认为后者不能保持专注，而后者认为前者过于僵化。双方都需要学习"妥协"的艺术。

与第3型人的关系：第1型人和第3型人都希望完成任务，并达到"最好"。但是第3型人爱走捷径，而第1型人认为任务的每一步都应该以正确的方式完成。在判断通向同一目标的不同路径时，第1型人需要谨慎。

与第4型人的关系：第1型人的情感需求经常被压抑，因此他们可以从第4型人身上学习如何关注感受，而不是陷入二元对立的思维模式。而第4型人可以向第1型人学习保持专注并长远地看待一切。这两型人之间的关系对双方都非常有价值。

与第5型人的关系：在与第5型人打交道时，第1型人需要记住对方的沉默并不代表评判——第5型人大多数时间都保持沉默，但很少做出评判。第1型人要避免对他人的想法形成先入为主的假设。

与第6型人的关系：与第2型人和第6型人相处时，第1型人会对身边发生的一切作出回应，部分原因在于他们的本能反应就是“行动”。第1型人要谨记，自己的做法并非唯一正确的做法。

与第7型人的关系：第7型人需要学习第1型人的自律，第1型人需要学习第7型人的灵活与随和。只要意识到这一点，双方可以成为很好的伙伴。

与第8型人的关系：第1型人和第8型人都有二元对立、非黑即白的思维模式，认为自己大多数时候都是对的，而且都倾向于不考虑清楚就付诸行动。第1型人欣赏第8型人的自由，而第8型人钦佩第1型人的自律。

与第9型人的关系：第1型人与第9型人有许多共同之处——虽然出于不同的原因，但他们都会控制愤怒，都喜欢长时间反复思考后再做决定。所以请注意，双方在需要做出行动时，要有个人站出来。

人际交往中的障碍

第1型人倾向于“过度”努力做好事情——他们过度思考，过度发言，过度评估，过度计划。这种过度倾向源于他们诚实而深刻地渴望把事情做好做对。第1型人非常负责，但当他们为自己和别人承担过多责任时，可能因此感到愤怒和怨恨。如果第1型人停下来问自己“我该做什么”，这将最大限度地帮助他们缓解“过度”倾向。

我们大多数人的观察都没有第1型人那样敏锐。他们了解自己、他人及周围环境。这一特点对任何人都很有用，但也可能成为人际交往的障碍。请记住，第1型人是所有九型人格者中唯一认为每一步任务都应该脚踏实地完美完成的人格类型，所以他们必须注意，不要依照自己设定的高标准，对他人形成不合理的期望。第1型人还需要学会识别什么时候事情已经足够好，不需要进一步完善了。

我经常提醒第1型人不要过于认真。当第1型人对待事情太严肃，想得太多，或者小心翼翼，他们就会对自己或别人过于严厉，即使想放松一些，也很难做到。

相处之道

一个周日，我带着所有儿孙辈去听我丈夫约瑟夫的公开演讲。所有的孙辈们都想坐在我身边，也许是因为他们知道这个演讲将持续很长时间，而我包里几乎总有糖果。那天很炎热，我穿着一件软夹克，到中午的时候已经皱巴巴的了。

演讲中，我8岁的孙子诺亚在我胳膊上打了一拳，低声说："奶奶，你的熨斗坏了吗？"

"没有啊，亲爱的，为什么这么说？"

"你的夹克看起来很邋遢！你为什么不熨一熨？"

我爱我的七个孙子，我对他们充满了希望。我无法确定他们每个人的人格类型，但我确定诺亚是第1型人。我轻轻地回答他："哦，你的意思是起皱了？大家都知道，亚麻夹克总是皱巴巴的，皱了没关系。"他安静了几分钟，再次轻推我，说："我打赌爷爷肯定会很尴尬。因为你的夹克看起来不服帖，奶奶。"

我悄声解释道，约瑟夫不会觉得尴尬，而诺亚应该专心听讲。

我把注意力集中在讲台上，希望诺亚也这样做，但他的眼睛一直盯着我和我皱巴巴的夹克。最后，他起身坐到了长椅的另一端。我想，那可能是他唯一能够静心的座位。

或许这个故事告诉第1型人这样一个道理：如果你看不惯眼前所见，你可以离它远一点，到看不到它的地方去。

但是，对爱着第1型人的人来说，这个故事告诉他们的道理是：我们应该提醒第1型人对自己好一些，因为每个人都应该对自己好一些。

给第1型人的建议

也许第1型人比其他任何类型的人更难接受这样的现实：总有些东西是自己必须接受的。以下是第1型人需要牢记的一些事项：

你可以——

- 以礼相待，即使别人行动没有按照你认为正确的方式。
- 好好对待理解你的人——其他第1型人，或者那些理解第1型人的人。
- 尽一切努力让事情变得更好，虽然这不是靠一己之力就能完成的。
- 寻求完美，但你不一定能做到。完美是暂时的，有些事会变化，并且一切都在变化之中。

但你不能——

- 期望每个人都和你一样注重细节。
- 试图改变他人的世界观，价值观和人生观。
- 获得平静，如果你继续为自己设定不断提高的内心标准。
- 通过内心不停的唠叨和批评去准确衡量你自身的优秀和价值。
- 期待其他类型的人做到你所定义的“完美”。这不仅仅是一个偏好问题，而是关乎他们的“三观”，无论你做什么或说什么都不会改变。

所以你需要接受——

- 你的方法不是唯一正确的方法。
- 有些东西，也许很多东西，都已经足够好了。
- 你需要停止对工作的完美追求，让自己和别人都可以休息。
- 你本来就很棒。

如何与第1型人相处

第1型人经常怀疑自己的价值，他们需要听到并相信别人的赞赏和爱意，才能相信自己。在某种程度上，内心的批评也是人际关系的一部分。以下是与第1型人建立关系的其他方法：

- 对第1型人承认你在交往中的错误。
- 第1型人需要你忠诚和值得信赖，因为他们就是这样的人。

- 第1型人很注重公平——他们努力工作，也希望你努力工作。
- 第1型人喜欢发号施令，如果你和他们在一起，请尊重他们。
- 第1型人希望自己所有的努力得到认可，喜欢卡片、便条、荣誉和小礼物。
- 指出错误时要小心并温柔——如果你语气过重，会对第1型人造成深刻影响。
- 要小心避免不客气的言论和捉弄行为。第1型人对最轻微的批评都非常敏感。
- 尽量不要让第1型人觉得他们必须向你证明自己很优秀或自己做的事是正确的。
- 第1型人倾向于批评而不是表扬，所以可能会直接指出你做错了哪些事情，而不是称赞你做对了哪些事情。你可以告诉他们，“表扬”通常对你更有效。
- 当你与第1型人发生冲突时，请让他们知道你想要解决冲突的意愿，因为他们很想知道你的决心。
- 如果你们发生矛盾，往往起源于第1型人看待事情的方式，而与你无关。此时，你唯一能做的就是等待转机——无论是第1型人的转变，还是当前情况的转机。
- 欣赏第1型人的勤奋，并尊重他们的高标准。但这两种习惯代表的是他们看待世界的方式，而非你看待世界的方式，所以你不需要让自己养成其中任何一种习惯。

- 鼓励第1型人休假，鼓励他们不要总想着工作和职责，鼓励他们在家休整，并告诉他们应该如何度过每一天。

Twos

第 2 型人

你我的感受，孰轻孰重

几年前，我与亨特有一次交谈。亨特是一位全职牧师和兼职律师，这一职业组合令人惊奇。亨特和我一样是第2型人，所以我们谈话的焦点很快就转移到“最喜欢第2型人的哪些特质”。“嗯……做律师的特质，”他说，“就是我总是在寻找别人没有告诉我的事情。每当客户进入我的办公室，总有一些重大事实不会放在明面上。所以我试图知道客户没有告诉我哪些事情——聆听别人说话时，我会辨别出他们忽略了什么。”

律师事务对我来说是熟悉的领域，所以我问 :“为什么牧师的工作中也需要同样的性格特质？”亨特迟疑了一会，并承认这个问题很复杂。一方面，他善于处理关系，喜欢帮助别人，这是一名牧师的性格特质。但另一方面，第2型人可能有可怕的界限，他们可能发现自己卷入人们的生活，却对人对己都无益。

然后亨特承认："当牧师还得面对一项困难：牧师可能是一份非常孤独的职业，因为这份工作缺乏双向互动。而对第2型人而言，人际关系始终围绕另一方，你不能只注意表达自己的需求或感受，因为这样可能会导致关系破裂。"接着，他描述了自己工作中所经历的孤独——他发现自己因为太痴迷于帮助别人，所以迷失了自己。

"独自一人时，我很难找到自己。我希望获得别人的认可，但我不想主动去要求。如果我真的受到别人的表扬，我又会不知所措。因此，作为一名牧师，我工作中最复杂的时间是我布道后的20分钟内。布道结束后，我极其希望听到人们说：'那是我听过的最好的布道'，但是当我听到别人这样说的时候，我又不相信。所以，我不会说我真的很喜欢别人的称赞，那是我想要却又无法体味的东西。我需要人们肯定我和我的工作，但我又不能接受别人的肯定，所以我学会了转移别人的肯定。我只是转移话题，转向另一个人，而不是我自己。"

这个故事为什么会发生?

- 当你听别人的故事时，你会想知道他们遗漏掉的东西吗?
- 亨特时刻觉察并回应他人的需求和愿望。你听起来觉得熟悉吗?
- 你觉得为什么亨特认为说出他需要、想要或感觉到的东西会导致他和别人之间的关系破裂?
- 当你被肯定时，你相信吗? 为什么?

第2型人对待世界很感性。他们通过了解别人的想法并用行动回应来与别人建立联系。他们很容易流露情感，你可能认为这是他们自己的真实感觉，但很少真的如此。第2型人容易感受到别人的感受，但很难告诉你他们自己真实的感受。对于处理好与第2型人的关系来说，这是一个颇有意味的严峻事实。

第2型人的世界

第2型人的世界里，一切都围绕人际关系。他们生活的方式是——与自己遇到的每个人产生联系，与自己可能经常或偶尔共事的每个人建立关系。这是第2型人了解自己的方式。50岁之前，我都会以自己的名字“苏珊娜·斯塔比尔”来介绍自己，而非通过与他人的关系，如：“我是约瑟夫的妻子”，或“我是道格和苏的养女”，或“我是乔尔的妈妈”，抑或“我是威尔的祖母”。

但如果不依靠各种与他人的关系，第2型人就无从自我定位。一个第2型人说：“我静休时，满脑子想的都是与丈夫、孩子、朋友和同事之间的关系。我祈祷时，是为他人祈祷。我阅读时，会思考我读的东西如何能帮到别人。我太关注别人，以至于没有精力去了解自己。所以当别人问我‘你想要什么’和‘你感觉怎样’时，我难以回答。我确实无法回答，因为我即使像大多数第2型人一样是个感性的人，也很少去了解或表达自己。”

骄傲　第2型人认为每一个“别人”在某种程度上都是第2型人自己的责任，他们为自己能够满足他人的需要而感到骄傲。“骄傲”是第2型人的动力（或天性）。亨特与我谈话时说：“我仍然记得，小时候如果有人不喜欢我，我就会感到悲痛欲绝。成为最棒的人，最乐于助人的人，最受喜爱的人，是非常令人骄傲的。”然而，第2型人在照顾他人需要的同时无法认清自己的需求，给自己带来了很大的痛苦。

他们需要做大量的个人工作来改变这种模式，有两个重要原因。第一个原因在于，第2型人通常认为自己不值得任何人的帮助；第二个原因有点复杂：第2型人害怕表达需求或欲望，因为如果没有人回应，他们怕自己无法忍受痛苦和失望。但是人际关系是相互的，第2型人必须学着直言自己的需求和欲望，然后大方地接受帮助。如果不这样做，他们就常常选择操控他人；他们与人的交往方式就会不够坦诚，这不会让任何人满意。与其说“我希望我今晚不用做饭”，不如说“你介意今晚出去吃饭吗？我累了，不想做饭”。

你可以看到，这种操控的天赋让第2型人视自己为殉道者。而且，由于自己的期望未被满足，感到自己的付出被视作理所当然，第2型人会在愤恨中完成操控和殉难。但这一切都不是必要的；心态健康的第2型人知道如何说出自己的需求，然后请求他人满足自身的需要。

“慷慨”的后果　作为一个第2型人，我常常在“付出”。我经过多年的诚实努力去审视我慷慨性格中的利他主义，并发现付出者通常内心充实。但是，“慷慨”带来的后果会在最意想不到的时刻悄悄降临。

当他人索取的欲望成倍增加时，第2型人就会感到困扰，但仍会尽力遵守对他人的承诺。第2型人很容易自愿付出，但是当他人的期望超过了第2型人获得的感激时，付出的满足感便会减弱。在与某人建立关系后，第2型人会努力脱离接触。对他们而言，这个困境长期存在。

2

第2型人常常认为别人需要自己的帮助和保护。

第2型人会在某段时间内给予

另一方大量的关照，但突然变得疏远、难以接触，常常使得另一方感到困惑。从第2型人的角度来看，他们掏空自己给予他人，等再回到自己的生活中时，已精疲力竭，没有精力去关心自己。他们感觉自己的付出并没有受到感激，而是被视为理所当然，从而产生厌倦和恐惧。这种恐惧主要是因为他们对自我价值的认知取决于他们的付出。如果他们没有什么可以给予的，他们就不知道自己是否还有价值。

问题在于，第2型人试图与每个人都保持交往——餐厅的服务员，为自己的狗梳毛的女士，水管工，同事，邻居等——而这些关系中有些并不合适和健康，也并非双向的。当第2型人开始用“精疲力竭、愤恨、疲惫、沮丧”等词来描述自己的感受时，他们通常是在以自己的方式寻求帮助。

缺乏有效的思考 第2型人会读懂别人的感受，再作出回应。他们不会考虑自己正在经历什么，所以直到完全停下手头的事，才会发现自己对事情缺乏有效的思考。对第2型人而言，感受和行为之间的相互作用有一种非常舒适的节奏，他们没有意识到自己过度付出、过度给予、过度联系和考虑不周是有代价的。如果第2型人感到非常焦虑和疲劳，这通常是一个信号，表明他们需要停下来，

> 2
>
> **九型人格中，第2型人最容易适应亲密关系。**

考虑一下自己正在做的事，分清自己的职责，把不属于自己的事交给别人来做；思考一下现状，而不是继续本能地、感性地寻求并满足他人的需要。

几年前，我与意大利阿西西市的理查德·罗尔老师在一次活动中讲解九型人格。研讨会进行得很顺利，但我注意到后方观众里，有个人冷着脸坐着。每当我看向他——忍不住总要看他——他要么皱着眉头，要么根本不为所动。我在授课的时候从没有这种经历，因此感到心烦意乱，想知道他为什么不喜欢我说的话。其他人似乎都津津有味地听着我的演讲，所以我最终认定，他不会说英语。时间慢慢过去，我开始为他感到难过——被困在中间听演讲，却听不懂在说什么。

我们所属人格的热情会带给我们需要得到的教训。

休息时，我匆匆穿过人群找到他。一找到他，我就大喊起来——就像你觉得别人不会说你的语言时一样——响亮而又令人讨厌。我比画了戴耳机的姿势，说："他们有翻译。有德语的！还有法语的！"

他盯着我说："我讲英语。"

我很惊讶："那为什么我说什么你都没有反应？你不笑，也不奚落我，甚至都不东张西望。"

"好吧，我不喜欢你，我不喜欢你说的话。"

我用典型的第2型人的方式问道：“为什么？”

他不带感情、语调平缓、淡淡地说道：“我不喜欢你。”

我为他的反感震惊，退后一步，正好碰到了理查德老师，他听到了所有对话。他同情地看着我，说：“苏珊娜，你还在纠结那个人，”他摊开手，“你手上有200人。你为什么无视他们而只关注那一个人呢？”

当然，理查德老师是对的。我被那一个人的拒绝蒙蔽了双眼，而忽略了一整个房间人的专心致志。我使出浑身解数关注这一个不满的人。第2型人经常只追着那个无法拥有的人不放，将与其他人的关系置于危险之中。

为了摆脱天生的孤独感，第2型人喜欢逃避下面这些问题：我属于谁？我值得属于任何人吗？当我真正需要他们时，有人会在我身边吗？当这些问题浮

第 2 型人的人际关系

与第1型人的关系：第2型人认为关系重于策略，容易与第1型人发生争吵。但是有了第1型人的帮助，第2型人能开始尊重秩序。这个共识是二者良好相处的开端。

与第2型人的关系：两个第2型人相处，会苦于商定谁做领导，何时以及如何领导。他们总以他人为参照，所以可能会关注于满足第三人需要。

与第3型人的关系：第2型人和第3型人都很注意形象，因此别人对他们的看法可以决定他们的选择。第2型人渴望被需要，而第3型人不仅渴望别人因为他们的所作所为爱他们，还渴望别人爱他们本来的样子。这些欲望的表达可能会产生误导。所以尽情享受你们的情谊吧，同时尊重差异。

与第4型人和第8型人的关系：第2型人在第4型人和第8型人周围可能会感到不适，但仍然能够处理好这种关系。第4型人和第8型人很真诚，这是第2型人需要的。

与第5型人的关系：第2型人在这种关系中无所适从，因为第5型人不愿表达自己内心

的想法、计划和观点。第2型人需要等着第5型人自己准备好分享生活中的事情。

与第6型人的关系：恐惧型的第6型人害怕有形的事物，而第2型人常常对无形的关系感到焦虑，对未发生的事情感到担忧，对可能的威胁感到惶恐。反恐惧型的第6型人在害怕的同时又很勇敢，而第2型人很难处理这种事。因为第2型人可能会畏缩或勇敢，但做不到同时畏缩和勇敢。第6型人通过提问来教育和学习，所以第2型人积极回答他们的问题时，就能博得第6型人的好感。

与第7型人的关系：第2型人在第7型人身边往往没有安全感。第7型人在应酬他们每天大量的活动时，可能会忽略第2型人及其需求。第2型人需要学着说出自己的欲望——这对二者都有好处。

与第9型人的关系：第9型人与第2型人十分相似。他们顺从别人，不喜欢冲突。但他们厌恶行动，缺乏活力，所以第2型人需要对他们有耐心。对于与人有关的所有事情，第2型人总是精力充沛，所以他们需要尊重差异。

现时，第2型人通常会用加倍的付出来掩饰自己的孤独感。不幸的是，这样做的前提是对方总有被帮助的需要。

当别人说“我哪儿都不去”或“你需要我的时候我会在你身边”时，第2型人很难相信这些话。我作为第2型人，一直在想，是啊……也许吧。也许你会在我身边。但在我心里，我一直在努力相信自己值得如此。我可以肯定地说，我知道自己没有我想象中那么孤独。

与其他类型的人相比，第2型人与别人的联系更多、更深刻，但是他们似乎还不满足。因此我认为我们想要确定自己给予别人的“归属感”，如果“确定”都不起作用，那是因为我并没有真正确定。下一步就是去信赖这种归属感。

第2型人需要从自己这里寻找快乐，而不是总期望快乐来自某个地方或其他人。第2型人非常擅长给他人归属感，却无法给自己归属感。

健康的人际关系需要你在独处时有强烈的自我觉察。如果第2型人问问自己："当我独处时，我是谁？"他们会对结果感到惊讶。是的，第2型人想确保每个人都坐在桌旁，但他们需要意识到自己也得坐下来。

压力人格与安全人格

第2型人处于健康人格状态时，既慷慨大方，又幽默风趣、乐于助人。他们能让别人感到舒适，尤其是别人感到被抛弃或边缘化时，第2型人会注意到并通常想方设法找他们交流。第2型人接纳且很少执着于内心和外部的想法与行为。

然而，如果他人的回应令人不满，第2型人就会有控制欲、占有欲而缺乏安全感。他们担心失去所爱之人的关心和感情时，就容易因嫉妒而招致麻烦。我有一位学生属于第2型人，他说："我处于这种不舒适状态时，要么过分干预某事，要么不参与其中——我要么爱管闲事、过于专横，要么直接不和人来往。我想，这是因为我有时不知道如何在一个舒适、美好、相互独立的环境中和人相处。"

2

第2型人十分渴望与人交际，但如此一来他们就容易"想当然"和苛求他人。

第2型人感到和别人疏远时，会创造出自己“被需要”的情境。如果你正与第2型人相处，那么当他们开始抱怨自己的健康问题时，就表示他们觉得有压力。第2型人被压抑的情感甚至会引发生理症状，然后他们表现出自怜的模样，来寻求别人注意。事实上，第2型人遭到冒犯时，不用说一句话就会影响一整群人的情绪。我怀疑这正是一句俗语的起源——“妈妈不开心，全家都难过！”

第2型人面临压力时会转向第8型，这意味着他们更自信，不会纠结于他人的想法。他们发现自己可以拒绝去做并非自己职责之内的事，并对过程和个人差异表现出更多耐心。第2型人感到安全时可能会拥有第4型人的一些精神、意识和行为，因而可以接受自己的感受，甚至可以承认，事实上自己谁也不爱。他们感到安全时，还会发现一些与“帮助别人”无关的自我价值，有时甚至可以将注意力集中于自身。这种行为有利于他们更好地照顾自己。

人际交往中的障碍

也许，第2型人在人际交往方面的障碍正是人际关系太多。这引起许多问题，比如他们没有时间或精力去关心自己生命中的所有人，所以最终只能道歉，哪怕不是自己的错。具有讽刺意味的是，第2型人偏好别人不要的东西——他们相信最亲密的关系将永远存在，所以花费很少的时间和精力去维护，反而花较多时间维护其他各种次要的关系。第2型人为别人付出太多，却落得自己疲惫、空虚，并且被人看作理所当然，导致他们几乎没有时间精力照顾自己。

压力人格能帮你照顾好自己。

第2型人认为，人际关系出现的任何问题都是自己的错。他们结束一段关系需要很长一段时间，并且通常错误地相信自己的付出足够大，足以对双方负责。有时结束关系是有益的，但即使结束这段关系带来的好处显而易见，第2型人也得承认这并不好受。

相处之道

安迪·安德鲁斯（Andy Andrews，美国名人）去世时，有人给他的儿子寄了各种各样的信件和卡片，上面写着他们和安德鲁斯先生共同的经历和回忆。一位女士分享了30年前发生的一个故事，当时她和丈夫在安迪家做客：

> “早餐后，你父亲（安迪）问我想不想去花园看看他种的蓝莓。这是一个夏日清晨，天气很热，我们在去花园的路上经过一个漂亮的庭院水景。安迪让我走近看看。水流从岩石上淌过，流到一块较大岩石的凹坑中，形成一个小水池，再

落入底下一个更大的水池中。

蜜蜂从你父亲做的蜂巢中飞出，落在小水池边上。它们像牛一样在池塘周围饮水。你父亲对我说：'你知道吗？蜜蜂在饮水时可以被抚摩，大概率不会蜇你。'我以为他是在开玩笑，但他真的走到蜜蜂旁，开始抚摩蜜蜂毛茸茸的背部，而蜜蜂只是依旧饮水。

当天晚上开车回家时，我问丈夫：'什么样的人能抚摩蜜蜂？'

多年来我没有答案。但我现在有一片属于自己的土地，还养了一窝蜜蜂。我听到你爸爸去世的消息时，问题的答案突然清晰了：一个抚摩蜜蜂的人，是甘愿冒着可能被蜇的风险的。"

而这种为"建立关系"而进行的冒险正是第2型人生活的基本动力。并非每一次交往都会发展成一段关系，接受这一事实是他们一生的挑战。

给第2型人的建议

我们生活在一个富足的社会中，有一种掌控一切的错觉。我们感觉，通过一定的努力，我们可以让事物变成自己想要的样子。但是，第2型人必须学会让别人自由地做出选择，无论结果是受苦还是收获成功。

以下是第2型人要记住的一些事情：

你可以——

- 学会减少交往并更多地享受交往。
- 学会从内到外而不是从外到内满足自己的需求。
- 学会接受这一点：健康的关系是互惠互利的。要明白“接受”和“给予”的价值。

但你不能——

- 在向其他型人表露需求之前，期待他们感知到并满足你的需求。
- 交往太多，超过生活的容纳程度。你在肯定一段关系的同时也否定了另一段关系。
- 找到你在人际交往中寻觅的安全感，直到你学会在独立做事的过程中找到满足感。
- 体验持久的平静，直到你发现自己有能力识别并照顾自己的感受，并满足自己的诸多需求。这不会威胁到你的人际关系，反而会改善你的人际关系。

所以你需要接受——

- 你很受宠爱。
- 你值得被爱，人们也需要你。

- 别人以自己的方式满足你的需求。这可能不是你想要的方式，但也是好意。

如何与第2型人相处

第2型人对别人需要或想要从自己这里获得的一切非常敏感。同时，他们通常对自己需要或想要从别人那里获得的一切不感兴趣。与第2型人交往的关键是“缩小差距”。以下是一些要记住的事项：

- 请鼓励第2型人放开你，让你自己处理自己的情感。
- 第2型人需要一个愿意和自己朋友见面认识的伴侣。
- 第2型人需要一个公开表露感情的伴侣。这让他们很安心。
- 尽量帮助第2型人找到一种与你分享他们真实感受的方式。
- 愤怒或不恰当的情感表现通常表明第2型人的需求未得到满足。
- 虽然第2型人很高兴成为“二把手”，但我们一定要肯定他们的贡献。
- 第2型人说自己没事、很好时，请不要当真。你得更深入地去了解他们。
- 第2型人只能通过语言表达自己的感受，他们无法把问题考虑透彻，而是以自己的方式来谈论这些问题。记住这一点，你可以避免许多误解。

- 第2型人想要得到诚恳的反馈，但会把事情放大到个人。因此，如果你说“我不喜欢你做的意大利面”，他们听到的却是“我不喜欢你”。你不需要解释，因为他们知道这一点，并且也在试图打破这种思维方式。
- 第2型人处于亲密关系时，需要听到你说：“我在这里，哪儿也不去。你什么也不用做，什么也不用去实现，也不用帮我。我爱你，是因为你这个人。”
- 第2型人发现自己感受到自身的感受时，就会感到焦虑。他们对如何听从自己内心来采取行动知之甚少。
- 第2型人过分担心自己与别人的关系时，请尽量保持耐心。如果你对此不耐烦，只会让他们更加没有安全感。

Threes

第3型人

活在别人眼中

我的同事杰克意外地在40岁去世。我出席葬礼时，停车场已经停满了车，礼堂里挤满了人。我找到了一个靠过道的座位，这里有些人我见过但不太熟。我落座后，一位女士走向讲台，谈论她和杰克那段值得庆祝的长久关系。她说的越多，我越怀疑这是否为杰克的葬礼——我甚至又看了讣告确认我没来错——因为我根本不认识她正在谈论的那个人。

下一位发言者讲述了他与杰克的几个故事，说自己多么想念杰克的温柔（我从未体会过）以及他随时都能在自己力所能及时提供帮助（另一件我不知道的事）。接下来又有两位发言者，他们都描述了一个我不认识的杰克。在葬礼和之后的日子里，我多次想知道，杰克在葬礼那天怎么可能成为那些人口中所赞颂和缅怀的每一个形象。

九型人格理论能告诉你一个简单的答案。

这个故事为什么会发生?

- 为何不同的人对某人的看法和回忆会千差万别?
- 你是否曾经遇到类似的情况——谈及某人时，你和别人的看法大相径庭?
- 请试想一下，参加自己葬礼的人，是否会拥有我在杰克葬礼上的类似经历?

从九型人格的视角来看，这个故事提醒我们，我们是独特的人和人格类型。第3型人能够适应任何人或团体，这是优势，也是负担。他们非常努力地成为自以为别人想要的类型，并很快适应，但他们一次只能饰演一角。因此，第3型人同时与自己生活各个领域的人们在一起时，临时组建的关系会受到影响。第3型人不想让人知道自己成就的背后隐藏着一个什么样的人，因此人际关系也受到影响。其中，亲密关系受到的影响最大，与第3型人最亲密的人可能永远无法了解他们真实的个性。因此，第3型人一直相信，他们之所以被爱，是因为自己的所作所为，而不是由于“我是谁”。

第3型人的世界

尽管第3型人和第2型人、第4型人同处于“感受三元组”，但第3型人会很快用行动和思考取代感受。他们有时很难看透别人的感受，但更难看透自己的感受；有时知道自己的感受，但就是不想应对。

更为棘手的是，第3型人很难区分自身感受和定位角色带来的感受。“行动”是“控制”的一种形式，所以第3型人早在年幼时，就决定通过行动来掌控自身环境。除第8型人之外，第3型人在任何一天的行动都比其他型人多。

第3型人和蔼可亲，但即便与关系最近的人，也很少表现出亲密。他们注意言行得体，因此会感到压抑，常常表现不出自己真正的感受。某大学教授就属于第3型人，他承认自己的许多所作所为都只是维护自己的外部形象：“我希望我表现得有能力，我想让别人看到——我在对的时间做了对的事情，而且做成了，”不幸的是，因为想维护形象，他们自身的感受被忽视了，“我的意思是，当需要表达感受时，我也能伪装出各种感受。我不是故意伪装，只是本性如此。”但“控制”是不可能实现的，尤其在恋爱关系中。第3

3

竞争能激励第3型人。

型人一心行动，却忽视了自身，最终忽视了所有关系中某些至关重要的因素：陪伴；做真实的自己；与他人共处；有空；等等。

第3型人沉迷于未来及其无限可能——更成功，更有成就，更受认可。所以他们为任何特定的会见、事件或介绍塑造最为适合的形象，这是他们对自我强加的、不断变化的需要。正因如此，他们认为当下正发生的事情大多只会分散注意力，并认为回顾过去毫无价值。第3型人无论是处于最佳还是最糟的状态，都可以适应任何情况的需要。

每一型人都有相关的宝贵特质。

最近，我花了三天时间与一个高级九型人格研究组探讨“平衡”问题，包括如何在过去、现在和未来的生活中找到某种平衡。星期六早上，年轻的艾米——第4型人——说：“即便痛苦，我也十分珍视对过去的回顾。”但第1型人拉里却表示：“我现在能做的就是做好当下的事情。”一位老太太属于典型的第3型人，当以上两人解释各自与时间的斗争时，她似乎感到很困惑。她说：“我没有过你们这种情况。在我的世界里，现在已经是周一了！”

大多数情况下，第3型人界限分明，但并没有意识到自己对自己或别人设立了界限。他们看起来精力充沛，但是经常感到疲倦，因为他们不知道应该什么时候停下。第3型人相信把事情“做完”比“做好”更重要，所以凡事爱走捷径，包括处理人际关系。虽

第 3 型人的人际关系

与第1型人的关系：第3型人和第1型人都想完成任务，但第3型人通过走捷径来完成，第1型人则想要一步一个脚印。如果第3型人能够耐心等待第1型人检查任务的每一步，或简要谈谈已经共同完成的事情，那将大有裨益。

与第2型人的关系：无论是在个性还是职业方面，第3型人与第2型人的合作都非常高效，因为第2型人专注于人，而第3型人专注于任务。只要相互尊重，双方的天赋便可互补。第3型人难以耐心地对第2型人进行情感和言语上的沟通。

与第3型人的关系：表面上看，第3型人之间只要合作，一切似乎皆有可能。事实却并非如此。因此，"谨慎"会对人际关系有益。

与第4型人的关系：第4型人与第3型人相处时，情绪将成为矛盾的导火索。前者过分在意感受，后者却不够在意。除非第3型人获得第4型人的这一特质，否则双方关系会很棘手。

与第5型人的关系：如果第3型人和第5型人能彼此敞开心

然这种方法在与同类人相处时很有效，但与不同类型人相处时肯定会产生问题：第1型人重视完美，第2型人重视关系，而第6型人讨厌第3型人缺乏远见。

大多数第3型人希望成为主角。他们认为不能拿第一名就不应该参加比赛，不能领导就不应该跟随，不知道正确答案就不应该发言。如果你不能给人留下好印象，那就什么印象都不要留下。

我十分确信，我的外孙女艾丽就是一个典型的第3型人。她一年级时有过一段伤心的经历。就在圣诞节假期之前，图书馆管理员给艾丽所在的班级朗读了一个故事。故事里，圣诞老人是个虚构的人物。等到老师读完，艾丽便站起来反驳道，圣诞老人是真实存在的。艾丽让全班同学不要担心，她解释说，这则故事说的并不是真正的圣诞老人。班里的其他孩子捂着嘴偷偷笑，笑话她现在还相信真的有圣诞老人。这让她非常难受。

艾丽泪流满面地把故事跟爸爸讲了一遍，爸爸告诉她，很抱歉让她在学校知道了圣诞老人的真相：“我知道，让你不再相信圣诞老人的存在一定很难。但是没关系，妈妈和我依然会继续为你扮好圣诞老人。”

艾丽反驳道：“我之所以哭，不是因为圣诞老人并不存在！我哭是因为我怎么这么傻，居然一开始就相信圣诞老人的存在！”

第3型人无法忍受自己的无知或无法尽知。这是因为他们倾向于比较和竞争。对于第3型人而言，“比较”是“观察”的自然方式。他们接收的每一点信息都分为两类：“是什么”和“可能会是什么”。我让第3型人分享最能代表自己性格的故事时，他们常常犹豫不决。我通常会让他们先听听别人的故事，再确定自己的故事是否符合标准。

扉，那么双方的特质将形成良好的互补。第3型人热衷于行动，而第5型人需要更多空窗期。双方可以互相学习。

与第6型人的关系：第3型人热衷于成功，第6型人却对成功不以为然，他们认为第3型人只是想留个好印象，证明自己超凡脱俗。两型人的差异很难调和，但也有可能调和。例如，第6型是第3型的安全人格，这时的第3型人融入团体，而非充当领导，既治愈自己，又能博得第6型人的共鸣。

与第7型人和第8型人的关系：第3型人、第7型人和第8型人都很强大——三类人都不想成为弱者。第3型人伪装感受，第8型人保护感受，第7型人逃避感受，他们都对感受不屑一顾。三者相处融洽，但都得面对一些现实考验。

与第9型人的关系：第3型人与第9型人若拥有相同的价值观，相处起来就会十分融洽。第3型人主动出击，让事情发生；第9型人止步不前，等事情发生。两类性格在特定情况下均有优势。第9型人需要第3型人给予力量并指引方向，第3型人需要第9型人神圣的拖延感。

大多数第3型人都热衷于竞争，但与第8型人不同——第8型人喜欢竞争是因为精力充沛，而第3型人喜欢竞争就是为了赢。只要想想我们每天面临多少竞争，就明显可知第3型人面临着多大的压力。参与九型人格研究的第3型人接受这样的现实：尽管他们只想尽一份力，但他们总希望自己拿出手的就是最好的，因而陷入一种困境。但是，无论是否成为最好，他们在承担风险时会学到必要的教训。

重新定义失败　遭遇失败时，第3型人很快将其重新定义为部分胜利。如果不行，他们就会避开出错之处，并将问题归咎于自己权限之外的因素。

最近，一位乘务员告诉我她在自己的首飞航班上提供饮料的故事。作为一名实习生，她认为“血腥玛丽”酒和“玛格丽特”酒中含有酒精。几位饮酒的乘客告诉她，他们觉得酒的度数有点低，问她能不能来瓶烈点儿的。她照做了。有个人坚持说自己的饮料里面没有酒精，她解释说酒精含量正常，可能味道不大一样，因为牌子不一样。另一位乘客想再来一杯，但她觉得这不是明智之举。她给他上饮料时，已经告诉他这比之前的饮料烈多了。

上完饮料，填写库存清单的乘务检查员才发现，实习生实际上一直在提供不含酒精的饮料。

我问这位乘务员有没有挨检查员的骂。“好吧，”她解释说，

"这是从洛杉矶飞往拉斯维加斯的航班，我只是告诉她那些点饮料的人很年轻，可能已经够喝了。我解释说，我觉得妥善照顾好他们是我们的责任，而且我认为，如果我不给他们提供更多的酒，那对飞机上的每个人来说都更好。"

"你没挨骂？"我问道。"是的。我给她指了指那些喝酒的人。他们很满足了。两个人在睡觉，一个登机时特别吵的人已经在静静地品他的第一杯血腥玛丽。"

第3型人不喜欢犯错，所以通过重构故事来证明自己的行为合理——而且他们擅长这一点，经常把故事讲得自己都信了。

形象与自我保护 在与他人的交往中，第3型人直接将自己的形象作为保证其自身地位的方式。在童年的某一刻，他们开始认为拥有自己的感受和身份是不好的。

九型人格的热情或天性有时非常强烈，能够决定他们的行为。

在与家庭和权威人士的关系中，第3型人确信最好把自己的感受放在一边，成为周围人所期望的人，在成功时收获掌声。因此，他们开始培养自己与生俱来的能力——成为别人喜欢的样子。他们可以融入十五到二十多个群体，从家庭到事业再到志愿工作，他们每个人都是模范。这份天赋意义非凡，难以以正常的方式控制。

当我们爱上第3型人时，他们不知道我们爱他们的哪一部分，因而很难相信我们爱他们的全部。我收到过一位著名艺术家的信，我猜她是第3型人。在庆祝61岁生日时，她写道："我终于相信，我的全部，上天都愿意接受。"

如果你在和第3型人相处，你必须明白他们给你或别人展现的每一个"我"，都是在努力展现他们认为你想看到的他们。因为第3型人相信，呈现出不为人知的那一面，既不可爱也不可取。如此可爱讨喜的人却难以肯定自身的价值，很令人困扰不是吗？设想一下，在一段关系中，不知自身价值是件多么脆弱的事。第2型人通过"被需要"和乐于助人来隐藏自己的脆弱，第4型人通过把你拉过去再一把推开来隐藏自己的脆弱，而第3型人通过超乎寻常的成就来隐藏自己的脆弱。

欺骗　第3型人行事天衣无缝，转变形象以取悦他人，这看似是一种天赋，实际上是一个复杂的问题，因为他们失去了自我、想法，以及真实的感受。第3型人专注于取得成功和成就的结果时，走捷径时，读不太懂感受（自己和他人的感受）时，不仅会造成误解，而且会错失良多。当他们开始相信自己塑造的"形象"就是自己时，所遭受的损失就越来越大。这就是"欺骗"的天性——第3型

3

第3型人为了顺应自己所处的每一段关系，所表达的价值观难以保持一致。

人欺骗自己。

工作往往是第3型人的生活中心。改变这种状况，需要付出很大的努力，并拥有很强的自我意识，而且这种改变通常得不到领导的支持。但是我认为幸运的是，第3型人有时会从个人经历中重新审视自己的价值观，以及价值观所赋予他们的东西。

我有个朋友就是第3型人，他和我分享了一个故事："苏珊娜，我的价值观与我所在的环境不一样。例如关于同性恋者的需求和权利。我儿子就是同性恋，但在我工作的地方，如果我谈论这个，我得不到安全感或支持。有时，我觉得自己像个骗子。"我们行走于世都不得不戴上面具，摘掉这些面具会带来或好或坏的重大影响。

根据我与第3型人交往的经验，他们为了维护最重要的关系而对自己进行的彻底改变总是对他们最不重要的关系产生负面影响，因而这需要很大的勇气。

压力人格与安全人格

在最不健康的状态下，第3型人似乎迫切需要获得别人的关注，因而他们"吹嘘"自己的成功，并经常强调自己的作用。如果没能成功，他们会迁怒于任何不相信自己故事的人，并可能做出愚蠢和破坏性的行为。请记住，第3型人非常喜欢竞争。

第3型人面临压力时会转向第9型人格，这有助于他们降低自己的竞争欲望。表现出第9型人的行为特征时，第3型人对别人及其想法更加包容，能够表现出真实的自己，并停下来休息和放松，不再将精力专注于竞争。他们虽然仍希望受到关注，但需求不再那么强烈，且更善于与人交往。

第3型人感到安全时，会表现出第6型人的一些最佳特质。转向第6型人后，第3型人更加关注他人，不会太过自信，能在工作关系和个人关系中放慢脚步并进行协作。在这种状态下，第3型人会意识到，他们更渴望与强于自己的人或事建立联系，而不是仅依靠自己的力量。

人际交往中的障碍

第3型人在重视青春、效率、成就和成功的环境中很受欢迎。他们可以长时间工作却不抱怨。很多人告诉我，科技让他们不必在公司也能保持联络和工作，因此他们很难有机会度假。商业文化重视那些不需要停工期的员工，并欣赏力争上游的想法，这对第3型人来说是个好消息。但是，他们在职业方面的优势可能对其个人人际关系不利。例如，当第3型人经常早出晚归时，因工作而一直错过孩子的活动时，与所爱之人身心都常常不在一起时，他们的人际关系就会受到影响。

第3型人起初与人交往时，对关系的认识就像故事书中描述的那样理想。事实上，所有的关系都很复杂棘手，而且是不可预测的。所以第3型人突然意识到这点时，通常会试图通过设定目标和制作清单，将关系变为他们想要的样子。此时，关系成为一项需要完成的"任务"。如果第3型人不能放慢脚步，他们会发现自己很难享受到亲密的感情，从而对人际关系产生各种负面影响。

很多时候，第3型人会用设想的情感来替代真实的情感。但是只有当另一方也愿意压抑自己的情感时，这种方法才有用。第3型人的目标是改善关系，所以，如果他们遇到渴望被倾听的人（如第6型人）或用语言解决问题的人（如第2型人），就会变得不耐烦或不屑一顾。第3型人往往不能容忍较为阴郁的情绪。因此，除非他们能够学会关注对方和自己的情感，否则双方的关系肯定会受到损害。

谈到人际关系时，一个第3型中年人告诉我：

> "我重视亲密关系，但我有个前提——不要过于亲密，不要在我忙的时候来打扰。矛盾的是，我希望别人照顾并支持我，但我很难有足够的精力去照顾并支持别人。别人可能知道，我通过为他们做事来表达支持和关爱。我知道这样不够，但做事是我向别人表达感受的具体方式。"

尽管如此，与他人的亲密关系不可能只由关系的一方决定，而且也不会总是在恰好的时间发生。自己无法给予却希望从别人那里得到，既不公平也没有成效。我们都应该学会以不熟悉或不舒服的方式走出舒适区，去照顾他人和维持有价值的关系。这是第3型人面临的挑战。

相处之道

第3型人往往很难知道关于自己的真相。成长教练考特尼·皮克顿（Courtney Pinkerton）是我喜欢的第3型人之一。她最近和丈夫以及三个孩子一起搬到了尼加拉瓜，继续为世界贡献自己的力量。

一天晚上，考特尼和她的丈夫理查德在沙滩散步。太阳落山了，火山被笼罩在薄雾中，他们赤脚在黑色的火山沙中散步，留下了一串脚印。考特尼认为，当时是她与理查德一起为新生活设定目标的完美时刻，因此她问理查德他的生活目标和愿望是什么。但理查德对这个话题不感兴趣，他说："这一刻我真的很开心。灵动的湖水，雾气，我们在一起——所有这一切都是这么美好。"

听到理查德的回答，考特尼笑了，她想了想道："任何一段爱情的双方都得扮演许多角色：有时一方扮演梦想家，另一方扮演实干者；一方扮演艺术家，另一方是财务管家；一方是成长教练，另一方是数据大师。我认为，只要你保持灵活，而且不执着于某一个角色，那么这些角色本身并没有什么不好，我们应该轮流体验所有角色。事实上，我们在爱情中扮演的角色通常反映了我们自己内心的声音和人格特点。”

只要能够尊重内在和外在的自己，第3型人就是九型人中最适合扮演所有角色的人格类型。

给第3型人的建议

第3型人通过帮助他人发现并发挥自己的潜力来改善别人的生活。第3型人敏捷而聪慧，且能够成事。或许，第3型人较为明智的做法是扩展自己对成功的定义，并认识到自己和他人可能拥有不同的价值体系。

以下是第3型人要记住的一些事情：

你可以——

- 学会将注意力从情感表象转向情感深度。
- 学会享受成功，而不将其与人类的价值联系起来。
- 慢下来，交朋友，享受没有预期结果或具体要点的活动。

但你不能——

- 过于焦虑。
- 过度向你所属的团体或项目寻求认同，以寻求自我保护。
- 让别人爱你本来的面目，却不愿接纳别人并分享你的一些弱点。

- 为他人设定目标。你可以和交往的另一方分享一个双方商定的目标，但是必须注意，该目标对双方是兼容和现实的。

所以你需要接受——

- 工作并非你的身份。
- 角色既可以用来自我欺骗，也可以用来自我保护。
- 受伤的感情和错失的良机，是不可能轻易、快速地得到弥补的。
- 你从成功和失败中都可以学到同样宝贵的教训。正如理查德·罗尔老师所说："35岁以后，你已经不可能从成功中学到东西。"

如何与第3型人相处

第3型人通过工作量衡量自己每一天的生活，表面上拥有无穷无尽的活力，实际上已筋疲力尽。请让第3型人知道，你不喜欢他们戴着"面具"的形象，而是喜欢"面具"背后的真实面目。以下是与第3型人相处的一些方法：

- 避免过度谈论你们的关系。
- 第3型人不喜欢在自己做事时被打断。
- 第3型人对重提过去的事情没有兴趣。
- 不要以为第3型人能轻易地了解自己的感受。

- 第3型人很强硬，但他们需要你比他们更温和。
- 第3型人希望得到你的认可和赞扬，而且很喜欢你用语言表达出来。
- 如果不是刻意为之，第3型人很难在工作时谈论已经或正在发生的事情。
- 向第3型人言明，你理解他们在自我形象上遇到的难题和维持自我形象的需要。同时，尽量避免鼓励他们修饰或改变自己的形象。
- 尽量不要过多地谈论消极的事情。第3型人非常乐观，也很欣赏其他态度积极的人。
- 第3型人关注未来，谈话中经常分心。这通常是因为，你所说的东西引发了他们对其他事物的思考，且他们意外地选择继续思考。请不要在意。
- 准确并坦率地向第3型人表达你的需求。他们乐于满足你的需求，只是很难自我定位。
- 第3型人不会遭遇彻底的失败，所以他们用一种新方式来看待问题，不再那么二元对立，不再将重点放在好与坏、喜欢或不喜欢的判断上。这是他们的优势。
- 鼓励第3型人去发现并讨论自己的感受。待其分享了一两个想法之后，请让他们休息一会儿，无须再想自己的感受。

Fours

第 4 型人

欲拒还迎

达芙妮和简在两人最喜欢的一家热闹餐厅共进晚餐，达芙妮吃得很开心。因此，当两天后打开邮箱看到简的邮件时，她感到十分惊讶。这封信简明扼要：

亲爱的达芙妮：

我们星期二晚上吃饭时，你多次问我，我是否被新工作搞得筋疲力尽。你说得对，至少在一定程度上是对的，这份新工作的确消耗了我很大一部分精力。所以，我没有多余的精力。这凸显了你我之间一直存在的差异。你非常兴奋地谈论你的新家以及你正在进行的漂亮装修，非常难受地谈论你妈妈乳腺癌复发的病情。作为朋友，我却无力给你太多帮助。我很想帮你，但我现在还没有这种能力。除非使用魔法，我才能拥有足够多的精力去帮你。我们都可以使用一点魔法。

但就目前而言，我需要专注于我的新工作。你要知道，我爱你，寒假后再联系。

爱你的，

简

达芙妮把信放在厨房柜台上，一种熟悉的情感涌上来——失望、伤心、困惑、挫败、委屈。她的老毛病又犯了——她精力过于充沛了。她很纳闷，为什么简不直说自己压力太大、不能处理太多事情，而是选择休假？

丈夫马克回到家时，达芙妮仍然十分难过。马克像往常一样拥抱她，耐心地听她倾诉，而没有不许她难过。他曾多次提醒她，别人经常误解她的精力充沛和活力十足。她之所以与简共进晚餐，是为了维护友谊，但似乎被简误解为没有留给她空间。达芙妮知道马克说得对，她想："事实本就如此。我相信，简最终会给我打电话的。"

这个故事为什么会发生？

- 在简写给达芙妮的信中，你认为是什么让达芙妮感到惊讶？
- 情绪力量如何影响到你与他人的关系？
- 你认为简为什么选择写信，而不是在吃晚餐时把想法说出来呢？
- 简在她的信中提到“魔法”，你认为，在这段关系以及其他关系中，是什么创造了“魔法”？

有些时候，人们往往认为简这类人想得太多，甚至那些关心他们的人也这么认为。第4型人情感强烈且情绪多变，他们需要别人的理解、同情和耐心，需要别人支持他们天然的需求。在与第4型人交往时，你指出他们拥有“使一切变得正常”的能力，并认为这样做可以显出你的友爱。但这根本不是事实。

第4型人的世界

第4型人极度渴望别人了解并深入理解他们真实的一面。经验告诉他们，大多数人不会花时间去了解别人，更不用说理解别人，对自己也不例外。当我让第4型人分享他们的人际交往情况和想要被了解的愿望时，他们总是在分享两件事——首先，许多人不想了解他们，导致他们之间的关系莫名其妙地结束；其次，别人经常告诉他们，他们无法被理解，或很难被理解。但尽管在人际关系中受到伤害，第4型人仍然选择在跌倒后站起来，并愿意再次尝试。

第4型人在童年时就已经开始意识到，自己本身存在一些很严重的问题。我的好朋友伊丽莎白告诉我，在她的成长过程中，她的父母不喜欢她表达任何的情绪，并经常说她太敏感。

伊丽莎白非常崇拜她的一年级老师邦妮·谢尔顿。谢尔顿女士很有魅力，受人喜爱。她身高一米五左右，但蜂窝似的发型给她增加了约30厘米的身高。有一天，谢尔顿女士给了伊丽莎白一根棒棒糖，伊丽莎白自豪地告诉父母，她是唯一一个收到棒棒糖的孩子，她因为与众不同才得到奖励。

不幸的是，她收到棒棒糖那天刚好是家长会。当伊丽莎白的父母向谢尔顿女士表达谢意时，他们发现所有的孩子都得到了奖励。伊丽莎白的父母为女儿的欺骗行为感到生气和尴尬，他们命令她向谢尔顿女士道歉。伊丽莎白对“与众不同”的渴望让自己感到非常羞愧，她认识到这是她的一种生活模式：

> “对于那些不能向父母表达情感的第4型孩子，我有很多话想说——他们不能做自己，不能感受到自己是独一无二的。因而他们想通过撒谎来找回一些失去的东西，但之后会被揭穿并因此蒙羞。接下来他们就可能分不清‘与众不同、独一

无二’与‘表面特殊’的差别了。我想，如果我认为表达自身感受可以获得更多的关爱，我可能会更好地做真实的自己或独一无二的自己。

我感觉原来的自我无法被接受，所以我不得不编造一个自我。如果你的成长经历也是这样，你最终就得接受那种编造的独特性或个性，而牺牲真正的自我。”

关于人际关系中什么是“最佳”，至少有九种不同的理解。

我们大多数人都希望在重要的关系中展现自己最好的一面。第8型人喜欢提供力量；对于第2型人来说，个人的就是最好的；而对于第4型人，真实才能“最佳”。任何人都很难做到完全的真实，当你遇到一个有点过于情绪化且执着于自身感受的第4型人时，他们会表现出追求真实和自然的强烈意愿。

第4型人试图建立或维持一种关系时，经常感到不安——他们希望另一方理解自己的与众不同，并将自己视为一个独一无二的人，但有时另一方却对人际交往采取一种无所谓的态度。当第4型人为了寻找归属感而去迎合他人时，他们感觉就像在牺牲自我；当他们选择做更真实的自我时，又会觉得自己正在牺牲最渴望的东西——最真实的关系。

羡慕　第4型人的天性或热情在于“羡慕”。羡慕并不意味着嫉妒。第4型人不是想要你的工作、房子或车；相反，他们渴望你去安慰他们。他们觉得你的生活比自己的生活更安全、更纯粹，想得到你的快乐——或者得到他们眼中的你的快乐。这种羡慕让他们觉得，自己与认识的大多数人有很大的不同，所以他们感到迷茫。然而，第4型人虽然想要你生活中的稳定和舒适，但同时也想要一种与其他任何人都不同的现实生活。他们热切地追寻自己没有的东西，因而经常会错过很多已经拥有的东西。

这一切都是他们人际交往中面临的真正挑战。第4型人迫切想获得满足感，同时又似乎不能满足，其他人很难学会与其相处。最后，相处的双方都觉得自己很失败。

羞耻感　大多数第4型人经常花精力来维持那些基于过去情感、白日梦和故事而形成的自我形象。在此过程中，他们可能会错过更真实的感受，因为他们习惯于创造并保持适合现状的情绪。不成熟的第4型人可能选择扮演“受害者”的角色，以便在有人帮助其解决困难时感受到自己的某种价值。所有这些行为都是为了逃避“羞耻感”——它来源于第4型人没有以某种基本方式来衡量自身价值。大多数时候，这种行为有效，但却只是暂时的。

第4型人与第2型人、第3型人同属“感受三元组”。他们在人际关系中遇到困难时，最初都认为问题在于自身，不管出了什么事都一定是自己的错，自己在某种程度上做得不够好。他们相信如果自己能做更多，能力更强，实现更多，变得与众不同，成为别人，或者只是出类拔萃，那么他们就会变得可爱，因而被人爱。这三型人都应该明白，你真正的自我与人们对你的看法无关，与你的过去也无关。

如果你正与第2型人、第3型人或第4型人相处，那么最大的问题是，你在和谁相处？有时是与他们真正的自己相处，但有时是与他们伪装出来的人相处。尽管第4型人比第2型人、第3型人更难伪装和适应自己，但当他们试图成为你可能喜欢和想要的人时，这会是一个悲伤的故事。

请记住，“感受三元组”的三个人格类型用不同的反应来应对真实的感受。第2型人小心翼翼地密切关注他人感受而忽略了自己的感受；第3型人认为感受是沉重而不可预测的，所以他们即使一开始就察觉到自己和别人的这些感受，也会很快抛之脑后，认为这些感受是不重要、不必要的；而第4型人希望通过自己的行事方式获得与前两者相同的满足感。然而，如果一段宝贵的关系即将结束，那么普通的感受和结果对第4型人来说是不能接受的。

4

有时候第4型人分享太多，解释太多，说得太多——他们试图表现一种别人根本无法应付的责任感。

第4型人通过加剧自己的情绪

来调节他们的失落感。例如，像达芙妮一样的第4型人收到简的信后可能会有以下反应：回家，听悲伤的音乐，看悲伤的电影，看着旧照片重温友谊。在此过程中，她可能会越陷越深，陷入非常沉痛的悲伤之中。对第4型人来说，他们永远不愿意以普通的方式来纪念非凡的友谊或关系。

无论我们是九型人格中的哪一型人，我们的天性都会偏爱某些事物而避开其他事物。

避免平凡 第4型人不甘于平凡，因为这是他们保护自己内心的一种方式。他们经常对流行、传统，以及那些我们可能称为“正常”的东西避而不谈，而是试图描述他们自己是如何看待世界的。一位第4型人告诉我：“我害怕平庸，我不认为‘平凡’是我的目标。”请试想交往中这种现实情况的复杂性。第4型人想要适应现实却不能适应——他们总是觉得有点失败。当你与他们相处，并同时与其他朋友或同事交往时，你偶尔也会有相同的感觉。

事实上，第4型人非常与众不同，但他们并不是总能意识到这一点，所以会努力使自己更加特殊，并可能为此付出巨大的代价。其实第4型人没有必要去避免“普通”，因为他们很少普通。但是，如果他们花费一些精力来接受生活中的平凡以及可预测的、普通的、日常的生活方式，就可以在人际交往中表现得更好。

第 4 型人的人际关系

与第1型人的关系：第1型人经常难以处理被压抑的情感，所以第4型人可以教第1型人如何把各种感情联系在一起，而不是总纠结于想法的对错。而当第4型人的情感从自然抒发转向自我放纵时，第1型人可以帮助其纠正。

与第2型人的关系：第2型人黏人，第4型人逃避。这一差别可能导致人际关系的失衡，要小心。

与第3型人的关系：第4型人一小时内的情感波动堪比别人一周内的情感波动。他们对所有人都很关注。但是，第3型人对“情感”反应迟钝。解决这个问题要下苦功夫，双方都折中一下才会双赢。

与第4型人的关系：第4型人之间相处对彼此都有好处，但存在潜在的问题。对于被抛弃的恐惧可能难以排遣，但可能是双方共同的体验，双方可以互相理解。

与第5型人的关系：第5型人需要空间，而第4型人需要亲密。在友谊和其他重要的人际关系中，两型人必须坦诚交流，解决这一差异。

压力人格与安全人格

第4型人面临压力时，会表现出该性格类型不太健康的方面。他们会过度表达自己的情感，从而感到舒服，但会产生不良后果。此时，他们的“自我意识”成为“自我放纵”，对“真实”的执着追求变成对“标新立异”的顽固追求。他们可能有点做作，好像在说自己本应得到更多；他们可能假装不可接近，却希望你坚持接近他们。

因为他们压抑自己的行为，所以处于不健康状态的第4型人缺乏耐力和决心。他们还会逃避羞耻感，觉得无论做什么都不会改变现状。这使得第4型人自身感到绝望，而别人难以有效地帮助他们摆脱这种状态。如果你与第4型人关系密切，你在努力帮助其摆脱绝望时，也会体会到类似的绝望。

第4型人面临压力时会表现出两种

行为——他们开始专注于自己之外的事情，并抛弃内心世界那些变得肤浅的愿景。米歇尔家里规矩甚严，言行必须保持得体，这让她感到压抑。她解释道，自己还是个孩子时，对别人的情绪高度警惕，几乎总是处于压力之中，为了应对，她会表现出第2型人的性格特点。她会想，妈妈怎么了？爸爸怎么了？他们交谈的方式出了什么问题？我的哥哥出了什么问题？我那还是婴儿的弟弟呢？我怎么了？她思来想去自己和周围的人之间有什么问题，得出的结论是：这一定是自己的问题，因为他们都是一样的，只有她与众不同。后来，她上了大学，结识了一位良师和一群女性朋友，才开始觉得自己是讨人喜爱的。

从积极的方面来讲，第4型人表现出第2型人的性格时，会更加呵护自己的人际关系。他们调整自己的注意力，在了解自己内在状态的同时，也关注发

与第6型人的关系：在交往中，第4型人和第6型人都有被误解的感受，只要避免这种感觉，就没有问题。第4型人要明白，即使自己情绪易波动，他们的第6型朋友也会忠诚地支持他们。

与第7型人的关系：在九型人格中，第4型人和第7型人处于对立面。两型人的关系可能很好，也可能非常复杂。这要看他们是否理解对方被自己忽略的另一半情感。第7型人可以向第4型人学习，相信情绪阴郁时仍有好事发生。而第4型人可以向第7型人学习拥抱并享受快乐。

与第8型人的关系：第4型人和第8型人对世界及自己的定位有着截然不同的看法。但是如果第8型人在情感上弱势一些，第4型人又能够避免剧烈的情绪，那么双方的相处可以非常有趣。这需要真诚的沟通，所有良好的人际关系都是如此。

与第9型人的相处：第9型人很忠诚，这对第4型人应该是好消息，因为第4型人经常担心自己被抛弃。但也存在一些问题：两型人都不善于为自己的选择和个人行为承担责任，也都有尚未表达出的期望，而且都害怕采取行动。两型人的交往可能会很棘手。

生在自己以外的事情。这种状态是好的，有利于人际关系。

第4型人感到安全时，会表现出第1型人的行为方式。他们在这种状态下更自律、更高效，甚至更具创造力。第1型人对第4型人最有益的影响在于：第1型人能够帮助第4型人控制情感，而不必表达出来或付诸行动。

第4型人如果能学习第1型人的一些处事方式，就能更好地经营人际关系。

人际交往中的障碍

正因为你性格中最美好的部分也是你最糟糕的部分，所以在“优秀”和“过度”之间有一个明确的界限。在这一点上，有些人格类型的人比其他型人处理得更好，而有些人格类型的人则很难处理好，比如第4型人。

第4型人通过故事、符号、礼仪、艺术、音乐和传统找到表达“意义”的最佳方式。我们都认识一些第4型人，他们能带来一些不同寻常的东西，使我们的生活更丰富、更深刻、更有质感。与此同时，我们又常常觉得必须为第4型人留出空间，因为在我们目光之外，他们总会有十层乃至更深的深度。虽然这很有趣，但对于寻求和建立关系往往是一个障碍。

第4型人常常靠近我说：“没人懂我。”多年以前，我刚开始教学九型人格时，犯了一个错误：我试图说服第4型人承认他们错了。而现在我只是回答说："你说得对，很少有人能了解你看待世界的方式，可能永远都是这样。"

对于第4型人来说，这一问题解决起来很复杂。通过"合群"而融入肯定是一种诱人的想法，但这种想法也是他们最大的不安。这是因为，他们虽然不愿拥有孤独和被孤立的感受，但真正无法接受的是不能做自己。

鲍勃·迪伦（Bob Dylan，美国著名摇滚、民谣艺术家）可能是第4型人的典范——他将自己的才华与理解世界的独特方式相结合，帮助其他人从20世纪60年代的混乱中挣脱出来，并为我们创作出一些有史以来最令人惊叹的歌词。在歌曲《第四街》中，他表达了第4型人的孤独，但他珍视自己对"做真实自我"的执着：

"我希望有那么一次，

你可以站在我的立场思考。

若有此时，

我才可能理解你"

很多人真的不"理解"鲍勃·迪伦，但我们还是可以找到理解他音乐的方式。这是我们与第4型人相处的最大希望所在——我们相信他

4

第4型人经常难以解决问题，尤其是感到被误解（经常如此）或没有有效的解决方案时。

们也在努力寻找走出自己的世界，从而与我们相处的方式。

第4型人经常寻求自己力所不及的人际关系。他们被不能实现的关系所吸引，我怀疑这是一种受误导的、潜意识里的自我保护。他们似乎相信，没能与一个不可能建立关系的人建立关系，痛苦要少于没能与一个可能建立关系的人建立关系。

我们的所见和视角也决定了我们的所失。

我最小的儿子B. J. 就是第4型人。他8岁时是一个童声高音者，梦想是投入尽可能多的时间唱歌，因而加入了得克萨斯少年合唱团，梦想得以成真。合唱团里的40个男孩一起表演、一起上学、一起旅行、一起成长。然而B. J. 很难确定自己真的属于这个群体，因为他永远无法接触到他最想接触的少年。归属感的问题在日后的生活中也困扰着他，部分是因为他是第4型人，部分是因为他是B. J.，但他在建立人际关系方面最明显的障碍就是固执地希望与遥不可及的人建立关系。

像B. J. 一样，第4型人比其他型人更渴望归属感，并幻想着别人能满足他们的这种渴望。但通常，大多数或不成熟的第4型人在体会到归属感时，会推开对方，破坏这样的关系——欲迎还拒，欲拒还迎。

第4型人在社交中通常会将他们的感受和情绪带到另一个层面，若情绪肆意蔓延，一段关系的发展就举步维艰。如果第4型人不知道如何充分表达自己的情感——欢乐、忧伤，以及介于两者之间的一切情绪——正与他们交往的人往往会退缩。不幸的是，第4型人最大的恐惧莫过于被别人抛弃。所以，别人举步不前或将要离去的样子，只会印证他们的看法：自己不配被爱，不配与别人建立关系。

相处之道

我之前提到过我的朋友伊丽莎白，她与丈夫和孩子生活在得克萨斯州奥斯汀市。伊丽莎白是一位肖像画家。她的画布很大，她的肖像画充满活力，色彩鲜艳，细节逼真。坐在她的画前端详几刻后，我会在离开时感到像刚见过画里的主角。那天晚上，我和约瑟夫去奥斯汀市看她的画展。那是一次特别的经历，因为在我看来，每面墙上悬挂的都是我朋友看待这个世界的方式。

我们一走进画廊就受到迎接，并拿到一本《创作者自述》。小册子的顶部写着：

“我们所爱的也会为人所爱

我们还应教会他们如何去爱

——华兹华斯”

然后写的是伊丽莎白绘画时对这个世界所发生的一切的思考——她的反应和希望：

“一般而言，我之所以画画，是因为我试图保持完全清醒，这是一种徒劳但强烈、完全无法实现的愿望。对身边的人和事完全保持清醒，主要是为了实现发掘‘美’的渴望——那种‘美’并非仅仅是‘有魅力’或‘好看’，而是被波德莱尔称为‘天国的信使’的那种‘美’。雅克·马里旦（Jacques Maritain，法国哲学家、法学家）说：‘我们的爱是由我们所爱的美激发的。’我想，我会在潜意识中构建一个更容易让我爱的世界，然后在这个世界上培育出更多的爱。派蒂·格里芬（Patty Griffin，美国女歌手）在歌中唱道：‘成为爱的仆人。’其实我们都是‘爱’的仆人，这是我们的选择，因为我们强烈地想要感受到爱。面对‘美’，‘爱’更容易出现。在‘美’的建构中，我们参与到与‘永恒’的对话中。我并不是在说，‘美’一定存在于我的作品中。我是指在别人身上找寻‘美’的所在，这种意图正是美的。要爱上一个人，首先需要欣赏他们的美，而这种欣赏取决于他们可见的品质和意图。征服他人必要先征服自己。

正如爱德华·埃斯特林·卡明斯（e. e. cummings，美国诗人）所言：‘成为一名艺术家代表不了什么，而成为活生生的存在，成为某人的自我，那才代表了一切。’”

后来我与伊丽莎白讨论自述里的那句话。我说：“你知道不是每个人都想要那样，对吧？”我们不约而同地笑了。

当第4型人信任你们之间的关系时，他们可以接受你对其独特性的认知，不会感到牺牲了自己的真实。

给第4型人的建议

第4型人能够在遭受痛苦的同时优雅地保持良好形象。如果你是第4型人，你必须承认自己在一些重要方面存在缺陷。以下是对第4型人的一些建议：

你可以——

- 见证痛苦，而不必解决。
- 学会在期待卓越的同时寻求普通。
- 保持良好形象，但无须每时每刻。
- 建立自己的独特形象，并以多种方式表达自己。就算不是每个人都会赞同或理解，也没关系。

但你不能——

- 沉溺于幻想中的卓越人生。
- 让很多人适应你的情绪波动。
- 期望有一两个或更多能够平等回馈你对一段关系的投入的人。

所以你需要接受——

- 生活是平凡的，但这可以接受。

- 大多数人都不会像你那样重视“真实”。
- 你讨人喜欢，已经足够好，人们可以理解并喜欢你。
- 你会有几段深刻而重要的友谊，而非很多浅薄的社交关系。
- 没有完美的关系。“完美”在于你能够接受现状并使之变得更好。

如何与第4型人相处

第4型人与人相处时需要信任和稳定的关注。他们希望你对他们坦诚相待——你任何疑似做作的行为，都可能使他们不再信任你。通常来说，与频繁的社交相比，他们喜欢偶尔的互相关爱和一对一的相处。有些人并不回避（反而很欣赏）第4型人的热烈，在第4型人情绪波动时仍能保持平静，并且愿意共同经营感情，这些人能和第4型人成为很好的朋友和伴侣。以下是一些注意事项：

- 告诉第4型人他们的情绪波动对你造成了哪些影响，这非常重要。
- 第4型人本就感觉自己不够好或不被喜欢，他们需要你肯定他们的感觉——但不必肯定产生这些感觉的原因。请让他们相信，你眼中的他们比他们自己看到的更有能力、更有价值、更可爱。
- 不要对第4型人采取“推—拉”的强迫模式，请给他们处理自身感受的空间。

- 第4型人渴望其没有的东西，并接受自己的这种渴望。不要试图去改变他们。
- 当你面临的压力超出你的承受能力，或不在职责之内时，请勇敢地告诉第4型人。
- 第4型人不喜欢被指责（也许没人会喜欢）。所以，不要指责他们过于敏感或反应过度。
- 如果你能够在第4型人陷入忧郁时保持平静，并不离不弃，这将是一项很强大的性格优势。
- 第4型人想要既独特又真实。为此，他们有时需要妥协。如果你可以如实地说出他们的生活方式对你造成了哪些影响，那么你们之间的差异就可以调和。
- 在工作中，你需要对第4型人设定明确的期望，给予他们创造的自由，并认识到他们的优势和能力。
- 不要跟第4型人说“开心些”。他们通常乐于忧郁，不是悲伤也不是沮丧。但请记住，你可以轻松愉快。

Fives

第 5 型人

我竖起心墙，却留了门

我正准备进入杂货店时，收到了朋友卡罗琳的语音邮件："嗨，我想找你。稍后给你回电话。祝你今天愉快。"卡罗琳和我是48年的好朋友，但她很少打电话。如果她有事打电话找我而我没有接到，她会详细地留言。我又听了一遍，虽然很短，但我确信出了问题。

卡罗琳比我大十岁。我们在大学时就认识，共事了大约十五年。

我给她打电话时，她立马就接了。

"嘿，我收到你的留言了，一切还好吗？"

"嗯，几周前我终于去看了医生。我很好。至少我想我很好。医生让我做乳房X光检查。几天后，她打电话说发现一个可疑的斑点，需要再做一个检查。我做了，发现有两个斑点，所以我必须再做一个检查，以确定是否有什么问题。”

卡罗琳和我妈妈一样都是第5型人，一直以来都不爱分享私事。我经常想，这是不是因为第5型人不想牵连他人的情感。因此，我和女儿们总是仔细聆听，看是否有蛛丝马迹表明卡罗琳遇到了麻烦。

卡罗琳继续说道："我一直想告诉你和孩子们。我想我会告诉第一个和我说话的人。有天晚上我和乔伊（作者女儿）看电影，虽然我们玩得很开心，但我没告诉她。我今天早上告诉了珍妮（作者女儿），所以我想我最好给你打个电话。"

卡罗琳是我成年后最好的朋友。她一直单身，虽然她有自己的妹妹、侄女和侄子，但我们认为她是我们家庭的一部分。我不想让她独自接受这场考验，我想陪她一起——提醒一下，我是第2型人。所以我回答道："好吧，这样，我回到家就把我的出行日程发给你，你确定好下次检查的时间，我陪你去。"我一直都尽力尊重她对空间和隐私的需求，但我也不希望她独自面对困难。

有时我坚持陪她，她便感谢我，并承认自己很高兴并非孤身一人。但是这次，她说她会没事的，等她真的需要我的时候，她会再来找我。我说，这次我可以陪你，下次我还可以陪你。

"我会没事儿的。你真的没有必要陪我去。我现在必须去上班了。我爱你，爱你，爱你！"

她说了三遍“我爱你”之后，话题转移到我身上，我告诉她我非常感激能认识她。随后我进了杂货店。

这个故事为什么会发生？

- 你与故事中的哪个人产生了共鸣？为什么？
- 如果你的好朋友要孤身一人进行一项重要的事情，遇到与上文类似的情况，你会如何处理？
- 在友谊中，怎样做才能惠及双方？
- 九型人格理论怎样解释这件事？

九型人格理论告诉我们，人们有九种可预测的方法来应对危机。第5型人通过收集信息和知识来管理恐惧，但这些信息通常是经过深思熟虑和整理后才会拿出来分享。通常，他们隐瞒部分信息，与一两个人分享感受，考虑后再做反应。尽管只有第5型人要求隐私和独立，并设定界限，但他们确实允许自己和别人交换个人信息，只不过得按照他们的标准。

我从卡罗琳、妈妈和其他第5型人身上发现，他们在分享情感前，会先自行思考。第5型人不是没有感受，只是在和别人分享感受前会自己考虑很久。作为一个第2型人，我会情绪发酵。我记录情感，与人分享情感，将现在与过去的感受联系起来，并保持联系的亲密性。但在我与卡罗琳的友谊中，解决方案不是各退一步以达成共识——那不现实，且看起来、听起来、感觉起来都不自然。我们面临的挑战是让彼此以自己的方式生活，接受差异，并尊重对方的需求。

第5型人的世界

第5型人对生活的反应是“思考”。适度的思考很好，但生活有时需要我们感情用事或边想边做。与第6型人、第7型人一样，第5型人在头脑中管理一切。相较于发散性思维，他们更喜欢聚合思维——前者通过探索很多可能性而得到创造性的想法，而后者会提供一个正确的“答案”。

第5型人把生活规划得井井有条，随性的生活既不会让他们感到舒服，也没有吸引力。他们通常有固定的安排，选好的上班路线（仅在必要时才做变动）以及安排好的日程。早晨的日常活动可能如下：起床刷牙，在去厨房的路上打开百叶窗，煮咖啡，去门廊拿报纸，倒一杯咖啡，烤一片吐司，阅读报纸几个栏目的头版，淋浴，铺床，穿衣，并在每天大致相同的时间去工作。他们的日程安排如此固定，很难照顾到别人及其需求。

建立和维持人际关系对第5型人来说是有风险的。我的朋友妮塔·安朱看似是第4型人，但实际是第5型人，她解释说：

“第5型人追求可衡量的风险，他们会一遍遍地试探‘水’是否危险。我不知道这是先天气质，还是后天习惯，我不确定哪个是首要因素。我孩提时代很孤单，因而蹲在钢琴下面，看着琴键底部那些有序的、灰白色的象牙垫，得到很大安慰。二十年后，我的第一幅画画的就是钢琴的底面。我小时候就经常在那里玩耍，拿一盏灯、一本书和一块钢琴罩布。那是我第5型人格的‘堡垒’。我给一切都留出空间，把它们拖进我的‘钢琴’下，以便能安全保管。”

但钢琴下只有一个人的空间。让第5型人从这种安全中走出是有条件的。如果你想要和他们共度时间，通常需要先提出请求。第5型人将仔细评估你的请求是否可行，再考虑其所需的时间和精力，然后再回复。

第5型人经常被第2型人、第3型人和第4型人（“感受三元组”）误解，因为这几型人并不理解与人相处时评估时间和精力的必要性。作为属于感性人格类型的人，“感受三元组”会很自然地建立关系，但理性人格类型就不一定了，特别是第5型人。那些意识到自己经常被误解的第5型人，会在刚认识别人时就花时间解释自己看待和分享需求的方式。我们要知道，如果想让第5型人习惯于将自己和

九型人格不只能告诉我们自己是什么样的人，更告诉我们可以成为什么样的人。

与生俱来的天赋展现于众，那么我们必须留给他们独处的时间。

独立，隐私和自我保护 每个人都在避免某些事情。第5型人避免依赖他人。事实上，他们过度重视独立，因此他们的第二天性是建立和维护边界。

由于高度重视隐私和独立，第5型人与别人的互动能力并不强，这是其人际关系中的一大障碍。这也意味着他们往往会面临活力不足的难题。想要了解某人时，这一难题很棘手。请记住，在九型人格中，第8型人的精力最旺盛，第9型人的精力最匮乏，而第5型人为每天分配固定的精力，某一天内用完了就真的没有了。这就像吗哪（manna，古以色列人经过荒野时所得的天赐食粮）——人们在这一天得到充足的食粮，但剩余的食物无法储存到第二天。

第5型人认为“独立”是解决其精力匮乏问题的关键，但实际上，相互依存——真实、真正的交往——才是解决问题的真正方案。然而，想做到“相互依存”就需要对这种“交往”拥有足够的理解，而大部分第5型人直到中年才能理解。其实第5型人之所以觉得不需要别人帮助，原因之一在于他们认为“交往”是一种挑战。年龄稍大的一些第5型人告诉我，他们希望可以更容易地与别人交往。他们由于需要独处时间，以及独自处理思想和情感的空间，所以在生活中错失了很多东西。

第5型人在社交对话中能够自如应付一些话题——居住地、生活方式、对天气的看法以及支持的运动队等。但是，他们会回避谈论自己的个人生活，或对某个当前或争议话题发表看法。最近，有位第5型人对我说 ：“我不会当着很多人的面表达自己的想法或讲述自己的故事，这是在保护我自己的隐私。”分享个人的详细信息需要花费更多的精力，并且会引出更多的问题，而这些问题都会耗费第5型人的精力。

第5型人以多种方式管理自己的隐私和独立性，有些方式是出于本能，有些则是刻意为之。一位第5型人在跟我讲“分开对待”的好处时说 ：“我会犹豫要不要把我的社团朋友介绍给我的同事，我的同事也从未见过我的家人。他们都以不同的方式了解我，对我的了解也不尽相同。我喜欢这样。”但是，要进行人际交往，又要同时满足独立和隐私的强烈愿望，这很有挑战性。二者都有价值，但是过于投入于其中任何一者都会产生问题。

5

第5型人很擅长倾听，因为他们对一切都感兴趣，而且不想成为关注的焦点。

贪婪　这个词我们不会每天都用。一般来说，贪婪意味着贪心，但是第5型人热衷于此，因为他们认为，自己没有足够的内在资源，无法满足生活的需求，包括人际交往的需求。他们之所以贪婪，就是为了保护隐私和确保独立。

九型人格理论告诉我们，我们的强烈愿望会教会我们应该学习的内容。许多人际交往是围绕着思想或专业知识的交换而进行的，而我们有些最亲密的关系之所以能够建立，是因为我们有需求，而且允许别人满足我们的需求。因此，第5型人尽力为自己提供一切，这阻碍了他们人际交往能力的发展。第5型人如果能倾听并考虑与自己不同的想法或解决方案，如果能接受别人的帮助，就能加强自己的人际关系。

第5型人常常认为生活中资源匮乏，因而会节约使用自己的资源，以便永远不让自己的需求妨碍他人。但这种思维方式会妨碍其寻求和建立关系，请不要这样想，因为你的需求会妨碍到爱你和关心你的人。由需求导致的弱点促使我们学会去爱，但需求必须是双向的。

避免行动　当某一情况下需要采取行动时，第4型人、第9型人和第5型人都很清楚，但往往不会自己采取行动。他们可能想知道发生了什么，分析应该如何解决，或者向别人提出建议，但他们很少主动做某事。缺乏主动性导致他们压制了自己影响世界的能力。这是一个恶性循环——第5型人相信自己难以或不能对过程或结果造成影响，所以他们不采取行动。然后，这种不作为会印证他们错误的想法——认为自己无力去改变。

第 5 型人的人际关系

与第1型人的关系：第5型人经常很难适应第1型人的完美主义——第1型人的批评往往让第5型人感到自己的不足和无能。但是第1型人的标准不能反映第5型人的能力，第5型人的客观也能让第1型人受益。

与第2型人的关系：第2型人往往将喜爱之情溢于言表，这让第5型人很难适应。第2型人的行为方式对于第5型人来说是种浪费。但第2型人在社交方面是第5型人的良好榜样——他们可以让别人感到放松和被需要，而且他们懂得个人界限。

与第3型人的关系：第3型人忙于自己的生活，不会对第5型人要求太多。但是第3型人非常关心个人形象和别人对自己的看法，而这不是第5型人的关注点。第3型人可以从第5型人身上学会“抽身”。

与第4型人的关系：第4型人是第5型人最难相处的人格类型，因为双方在很多方面都存在差异。但是，当第5型人开始向第4型翼型转变时，他们会发现思维和情感的相通才是一段关系中最具价值的部分。

与第5型人的关系：第5型人之

这种想法对人际关系有着严重的影响，因为这意味着第5型人经常不做自己的分内之事，无视工作和家庭的责任。在更深层次上，当我们最需要第5型人代表我们采取行动，但他们不愿或不能时，他们正伤害着我们这些爱他们的人。

压力人格与安全人格

创作型歌手迈克尔·贡戈（Michael Gungor）是第5型人，他这样解释九型人格：“九型人格不是鸽笼，它更像是你翱翔的地方。你可以看到压力如何影响到你，你可以看到你能采取哪些可能的措施来减轻压力。这非常有帮助，特别是在建立关系方面。”我喜欢他说的“像是你翱翔的地方”，这句话描述了九型人格的动态本质。

第5型人面临压力时会转移到第7型人格，感到安全时会转移到第8型人格。

这是九型人格间奇妙的转移，如果不理解这些转移，它们就会成为人际关系的重大障碍。当第5型人人格转移时，他们的世界会变得越来越小。这时他们对别人的需求就不那么关心了，而是更关心自己以及自己对隐私和安全的强烈渴望。

第5型人的世界变小时，基本上就没有他人的空间。我有个学生属于第5型人，他说："我情绪激动或关系异常时会产生难以抑制的情感。此时，我都会选择逃避。"但第5型人有时可能需要为了维护关系而抵制这种逃避的倾向。

面临压力时，第5型人本能地采取第7型人的一些行为方式。这是一个相当大的变化，因为第5型人大多数时候自我意识都非常强，而且非常独立。第5型人在感到情绪激动和不堪重负时，可以向第7型人学习只看事情更好的一面，这样就可以自由地倾听别人关于前

间的相处是最舒服的，但交往仅限于思维方面。他们相处的难点在于综合运用思维、情感和行动。

与第6型人的关系：第5型人可以学习第6型人的忠诚，但是处于不同世界的第6型人可能加剧第5型人的社交焦虑。如果第5型人能理性对待第6型人无端的恐惧感，并让第6型人帮助设计应对自己焦虑状况的方案，两型人就可以愉快地相处。

与第7型人和第8型人的关系：第5型人与第7型人、第8型人有人格转换关系。第8型人可以向第5型人学习抽身、观察、思考，然后重建关系；第7型人可向第5型人学习在"参与"和"观察"二者间取得平衡。第5型人可向第7型人学习轻松愉快的态度，避免自己过于严肃；第8型人可以帮助第5型人确定自己喜欢或想要的东西。

与第9型人的关系：当第9型人与第5型人想法不一致时，他们的关系对第5型人是一个挑战，但也有好处。第9型人可能会絮絮叨叨，但在重要的事情上能够独立思考，而且不会强迫第5型人做不想做的事情。

路的想法或建议。专注于自己之外时，他们会更开心、更放松，并从他人的陪伴中找到更多的安慰。

第5型人喜欢“冷笑话”。有时这种幽默太过讽刺、刻薄，容易造成误解，尤其是带有某些情绪的冷笑话。但是，受第7型人的某些影响，第5型人“冷笑话”的效果可能被弱化，不会妨碍与他人的交往。这时，第5型人无论是讲“冷笑话”还是与人交往都会表露情感，并受到欢迎。

第5型人如果表现出第8型人的性格特征，会比较重视安全感，与其相处时必须适应这一点。这时的第5型人更加主动并坦率，更能接纳自己的情感，而且不那么害怕表现得活跃，其生活和人际关系似乎更为丰富多彩。此时，第5型人对他人的投入更多，收到的回报更大，并能破除“付出和交往代价太大”这种谣传。

第5型人倾向于保持现状——他们避免变化和风险，并通过减少参与外部世界活动来解决恐惧和精力不够的问题。他们的这些选择限制了自己获得第7型人和第8型人性格特点的机会，可能对自己及人际关系造成损失。当他们更加主动、冒险地寻找安慰时，第5型人自己和他人都会获得回报。在九型人格中，每型人如果能转向压力型人格，都会有益于人际关系，尤其是第5型人。

人际交往中的障碍

第5型人不是不需要或不想要人际关系，只不过他们最舒服的状态，是在家庭以外只拥有一两个亲密的朋友。事实上，他们有时候觉得别人会干扰到自己的生活。

几年前，当我的孩子们很小的时候，卡罗琳和我们一起去周末露营。回家的路上我发现后视镜里的她一脸疲惫，陷入沉思。我问她在想什么。她说："老实说，我只是想，我如果自己一个人待在家里该有多好！"我觉得第5型人和我们其他人一样孤独，但他们对交往的需求比我们更容易得到满足。

我们在压力和安全时期采取的行为会影响我们整个生活。

第5型人必须主动选择参与而不是冷眼旁观，记住这一点很有用。有位第5型人说："在我的工作中，我面临的挑战是在与世界接触的同时，学会理解并融入现实。在我的下半生中，别人多次误认为我性格外向。我想，这是因为我已经学会了如何'开始'和表现。但大多数人都不知道，我表现后需要一段时间恢复——我第二天需要独处一整天，为了给自己重新'充电'。"

对第5型人而言，与人交往的代价很高。他们思维缜密，需要时间去根据已经相信的东西处理自己的经历。

我的朋友卡罗琳对大多数社交聚会都不太喜欢，但一旦她参加聚会，就似乎玩得很开心。我曾经问她是如何做到的，她说："我有一个'魔法盾牌'。我很不舒服的时候，就举起'盾牌'。"

我很欣赏"魔法盾牌"这种心理形象，明白该"盾牌"可以让她在不花太多精力的前提下参与聚会。但我对该"盾牌"的运作方式很好奇，所以我决定进行一项实验：我邀请卡罗琳参加我们单位的团体晚餐，并让她举起"盾牌"。我给她的任务是：到达晚餐地点，带一道菜，坐下来和一群人一起吃晚餐，然后回家。之后我会在人群中询问是否有人见过她。结果她做到了。而我也做到了。每个人都说没有见到过她，甚至和她一起吃饭的人都说没有见到过她。

从此，我日益注意到，有的人在活动现场向我提问过，但我不记得有这样的观众。这些人几乎都属于第5型人。第5型人似乎可以隐藏在任何群体中，无论是7人还是700人的群体。

5

第5型人非常孤僻，因而常常急需帮助但又拒绝帮助，甚至会拒绝最爱他们之人的帮助。

但当他们隐藏起来后，第5型人会错过许多，别人则错过了解他们的机会。对于第5型人而言，"能够出现"就很勇敢，比别人都更勇敢。我们中有许多人将对自己"多余"的东西给别人，而第5型人将对自己“重要”的东西给别人。但即便如此，第5型人也应该勇敢地展现自己。因为他们肯定会发现，自己从交往中获得的共同利益，超过自己的个人成本。

相处之道

我的朋友肯尼是一位第5型人，他讲述了自己在俄克拉荷马市长大成人的喜悦：

> “孩提时代，父母给我的最好的礼物就是一套《世界百科全书》。我每天醒来后都会在上学前甚至早餐前选一个字母，然后阅读书中对应的内容。这对我来说是一种享受——它给了我快乐。所读的内容与我之后学到的东西融会贯通，产生了一种内在的美。上小学、中学后，妈妈给了我一个化学装置，于是我去图书馆查阅化学实验书，我父亲又给我弄来他们实验室用过的化学药品。我在车库里自建了一个化学实验室，真是太棒了！”

就在我以为整个故事结束的时候，肯尼又补充道：“哦，我还从服务站收集了城市地图。”

虽然肯尼把童年时期的自己描绘成一个聪明、内向的第5型人，但我们应该理解“内向”和“无法接近”之间的区别。第5型人有一种意想不到的能力——可以为这一刻以及人际关系带来愉快的好奇心。尽管他们的独立似乎为自己设置了不可逾越的心墙，但他们也在墙上留了可以打开的门。

给第5型人的建议

九型人格理论告诉我们，第5型人格是唯一能够真正保持中立的人格类型。这可以为其他型人带来好处。以下是第5型人要记住的一些事情：

你可以——

- 找到与人相处但不费力的有效方法。
- 保持亲密的关系，且将风险保持在可承受范围内。
- 让人看到和知道自己，即便你还没有完全准备好。
- 拥有持久的友谊，这些友谊充满了温柔、微妙、亲切的体验。

但你不能——

- 什么都懂。
- 一刻也不需要别人的帮助。
- 丝毫不花时间、不放弃隐私，且没有找到提供和接受感情的方式，就拥有健康的人际关系。
- 在所有时候、在所有生活领域都保持独立。学习的必要性不在于能力不足，而在于缺乏经验。

所以你需要接受——

- 外部世界的价值远不仅在于收集信息。
- 人际关系或多或少需要你的付出，只是付出的多少在人生的不同阶段有所差异。中年时期的付出很多，但在人生的最后三分之一则相对较少。相信自己，你会拥有你所需要的一切。
- 人际交往不能总是按照你的标准，别人也有同样真实和明显的需求。
- 虽然你重视对感觉和行为的思考，但你身边的许多人并非如此。为了与他人高质量相处，你必须尝试在自己的思想和一些情绪、行动之间取得平衡。

如何与第5型人相处

第5型人会从金钱、精力、时间、感情等方面的成本出发，来衡量生活中的事件。他们通常不知道应该付出什么，所以会忍住付出的念头。你如果能意识到这一点，可以告诉他们，你已经注意到他们自发的付出。在和第5型人的交往中，也要谨记：

- 与第5型人在一起要直率，但不要啰唆。
- 请跟第5型人言明你需要什么，但不要颐指气使。
- 第5型人希望了解别人对他们的期望。他们喜欢细节。

- 要注意，第5型人并不是总能在交谈中听懂暗示或间接暗示。
- 如果你和第5型人相处中出现问题，可以约一个时间讨论这一问题。给他们考虑你需求的时间，然后限制谈话的长度。你可以这么说："我想告诉你我的需求，请你告诉我是否愿意满足我。"
- 与第5型人交往时，请不要催促他们与别人交往。在他们看来，与别人的交往必须顺其自然，如果被催促，他们反而会表现不佳。
- 第5型人有十分强烈的自主生活愿望，不必依赖他人的照顾。如果他们需要你的照顾，请你在照顾时尽量少谈论，也尽量少让别人知道。
- 第5型人主要的恐惧是无能和不足，因而很可能找不到适当的机会来轻松地讨论其中任意一项。
- 第5型人很难在已发生的事件中找到自己的位置。你可以通过一些语言来帮助他们，例如："你愿意和我们坐在一起吗？这里正好有多余的座位。"接下来将其介绍给别人，如："嘿，大家好，这是汤姆，是我们的朋友。"
- 如果你向第5型人询问他们的"感受"，他们会告诉你自己的"想法"，你要尽量把话题转移到"感受"。

Sixes

第 6 型人

怀疑一切

吉尔和达娜是我最喜欢的两位音乐家朋友，她们都属于第6型人。两人表面相似，实则迥然不同。吉尔住在纳什维尔，丈夫也是音乐家，他们有三个漂亮的孩子。一个下午，我和吉尔坐在她家的屏风后饮茶。她向我描述作为一个第6型人和有才华的音乐家，在纳什维尔生活和工作有什么感觉：

“这里的人很有远见，他们都有自己要做的事情。在纳什维尔工作、生活对于第6型的我是一个很棒的选择，因为我不需要有自己的主见和自己要做的事情。我很乐意接近别人，支持他们的想法或愿望。之后，我会非常开心。

多年来，我和丈夫始终认同大卫·威尔科克斯的一句话：‘当你去看一场流行音乐节目时，他们会试图说服你，他们是

> 不同的，是特殊的；而民间音乐家试图说服每个人，我们是一样的。’我和丈夫的立场始终是：我们是一样的。我们并不特殊，并无不同，我们和你一样。所以，当我走下舞台时，我并不想要让人们认为我多么棒，多么优秀。我只想和他们一起讨论他们的生活，他们的子女，并且告诉他们关于我的事情。我十分想让他们明白，我和他们是一样的。”

达娜的工作方法和吉尔截然不同。达娜是达拉斯市区音乐和艺术部门的主管，与合唱团和戏剧团各个年龄段的人共事。我问起达娜为什么做主管，她笑得很开心，随即倾身告诉我，她在高中时就喜欢合唱团了。在她合唱团团长的鼓励下，达娜开始尝试用自己的天赋来施展才华：

> “很快我就发现，我很乐意帮助别人去寻找他们自己的声音，我也可以帮助他们更好地团结在一起。我还发现，通过快速地诊断和解决问题，我可以使合唱团的演唱听起来非常棒。作为主管，我可以控制整个环境：确保温度控制在合适范围内，确保座位布置和灯光设计都合理，确保音乐已经准备就绪，确保时间安排已经确定，确保每个人都知道要做什么。而且，我还系统地营造了一种团队之间相互鼓励、合作、尊重的氛围，这一点十分重要。”

这两位女性虽然同为表演艺术家和第6型人，但存在微妙而重要的不同。

这个故事为什么会发生？

- 吉尔和达娜中，你更像哪一个人？为什么？
- 回顾大卫·威尔科克斯关于流行音乐家和民间音乐家的论断，你认同民间音乐家还是流行音乐家的观点？为什么？
- 假设音乐天赋不是问题，你在达娜的合唱团中会感到舒适吗？什么会引起你的不适？
- 根据这两个故事，你会怎么描述吉尔和达娜之间的不同？

第6型人格是唯一可以被继续细分为两种类型的人格。根据九型人格理论，恐惧或焦虑是第6型人的天性和热情，两种第6型人之所以不同，是因为他们对这两种天性和热情的反应存在差异。面对恐惧时，第6型人想要感到安全并确保安全。

第6型人的世界

第6型人格中两种类型的不同之处在于如何应对恐惧。吉尔属于恐惧型的第6型人。因为她更关注自己与别人的相同之处而不是差异，所以她可以舒适地融入集体中。她乐于和有共同兴趣的人交往，对于自己的优秀之处非常低调，并且一直用一种温和的方式对待身边的每一个人。吉尔喜欢熟悉的团体，喜欢由他人制定但久经考验、千真万确的规则。

达娜属于反恐惧型的第6型人。她通过建立成员们能够会聚并感到安全的团体，为他人提供安全感。她会注意到每一个细节，所以很自然地成为领导者。她更注重差异而不是同一性，有兴趣通过帮助他人工作来建立与人之间的关系，并且会系统地建立一个每个人都能知道“我们如何做，我们做什么，为什么这么做”的团体。她在团队中脱颖而出，找到了与每个人（不论身份）交往的方法。

与九型人格的其他类型相比，第6型人参与的团队活动更多。在九型人格中，他们是最关心共同利益的那一型。他们就像“黏合剂”，能够连接一切所属的组织——他们不会放任轻微的冲突，也不会跳槽。第6型人很忠诚，一直努力坚守自己的本分，希望参与更伟大的事情。

吉尔和达娜都在为团体建设出力。作为第6型人，他们都致力于为每个人创造开放的空间和安全的地带。但是他们实现这一目标的方式存在细微而深刻的不同。吉尔参与团体，而达娜会创建团体。

对安全感的需求 每种人格类型的热情（或天性）以及看待世界的方式有时会十分强烈，从而决定了这类人的选择。有时热情只是非生产性行为的明显表现，其他时候则会操控所有九型人格者，并可能使其失去自我。这一点对于第6型人来说尤甚——他们的热情是“恐惧”，并且可以以无数种方式指数级上升。

你可以尝试通过每种人格类型的视角去观看当地和全国新闻，这不仅是一项非常有趣的训练，而且可以使你深刻地体验第6型人的感觉。对第6型人来说，每个新闻事件都包含一个威胁性的因素，需要一个应对计划。

这种情况并非仅限于新闻。商业广告会利用我们的焦虑和不信任感，而对第6型人来说，所有的焦虑和不信任感都会被放大。在电视上看广告时，第6型人有可能看不下去，并想：“我并没有健身器材；我的洗碗机随时都有可能会着火；淋浴门的玻璃显然也很危险；自从我会刷牙以来，我选用的牙膏都是错的；我需要减肥，但我怎么知道如何选择减肥计划——是选择营养系统管理、体重监督、为期两周的快速减肥计划还是轻食项目？我们不可能为退休存足够的钱；我们的房子都被白蚁吃空了；所有的猪肉都不能吃；或者所有的鸡肉都不能吃？牛肉也是？最重要的是，有机蔬菜并不是真正有机的……”

6

第6型人很难做到原谅，因为他们会记住过去的轻视和伤害。

我们都以与我们所属人格类型相关的方式经历着恐惧：作为第2型

人，我害怕人们嫌弃我；第9型人害怕矛盾；第8型人害怕被控制。但是对第6型人来说，“恐惧”本身就是他们的关注点，他们总是问：“如果……会怎么样？”恐惧型的第6型人屈服于恐惧，他们与强势和自信的人相处得更舒适；反恐惧型的第6型人会试图克服恐惧，他们不喜欢那些懂得太多、过于强势的人，往往想用自己的方式行动。根据具体情况，许多第6型人都是恐惧型和反恐惧型的结合体。

恐惧型的第6型人会用这种方式来解释自己的类型：

“我一生都在与恐惧和焦虑做斗争，即使在还是个孩子的时候。记得那时我会躺在床上担心第二天早上的儿童足球比赛。足球比赛啊！我知道其他小孩不会有这样的感觉，他们只是滚下床，在空地上跑来跑去。与担心相反，我踢得很好。事实上，这些年我一直踢得很好，还因此获得了体育奖学金，所以，这所有的担心都只是在白白地浪费精力。随着时间的推移，我可以很好地面对我的恐惧，但恐惧一直伴随着我。”

我的朋友谢乐尔是反恐惧型的第6型人，她这样描述自己的恐惧：

“我喜欢在公众场合讲话或教学，我知道其他第6型人也是这样，我们通常不会因为社交的环境而恐惧，而是会因为某些假设而感到恐惧。我们思维创设的情景一般是新情况下可能出现的问题，例如，我如果知道自己必须讲课或说话，就会做好充分准备，不用太担心，我知道我能做好；但如果我因为没有时间准备而必须临场发挥，我也会去做，但会有某种程度的恐惧。”

两种类型的人都会恐惧，但恐惧型第6型人会迷失于对最坏情况可能发生的所有方式的想象，而反恐惧型第6型人会做最坏的打算，并花费相同的精力制订应对计划。

我们在感到恐惧时都有控制恐惧的强烈需求，但其他人格类型无须通过这样的需求来获得安全感。第6型人很喜欢秩序、计划和规则，因为它们都能提供一些安全感。当生活中的混乱很少或没有时，一切顺利进行时，一切在预料中时，第6型人会感到安全。但是，因为人际关系千头万绪，变数太多，因而无法总是顺利运行。所以，第6型人对安全感的需求有时候会超过其对人际关系的需求。

第6型人想要可预测性和确定性，但他们不能指望其中任何一个。与第8型人相似，他们希望在不受影响或打扰的前提下影响他人，但这几乎不可能。第6型人无法控制自己的焦虑时，有可能依赖所属组织的信仰体系。一位第6型人告诉我：“我认为我们有时会错误地信任别人，尤其是误信那些我们认为可以照顾我们并让我们减少恐惧的领导者。然后，由于忠诚，我们很难放弃对领导的信任，哪怕领导不值得信任。”因此，第6型人可以学习去相信自己的生活经历，从中能获益匪浅。他们往往会看轻自己，从而将太多希望寄托于别人。如果第6型人不信任自己，那对人际关系中的双方都没有好处。

当我们将所有人际关系作为整体进行考量时，自己的辨别力通常更可靠。

做最坏的打算 第6型人通过预想最坏的状况并做好应对准备来缓解焦虑。他们努力发现一切可能变糟的因素，并做好准备，从而确保自身安全。我问一位第6型人朋友，旅行对她意味着什么。她说：

> “我旅行时经常查看各种信息——在哪个航站楼登机，在哪里乘坐地铁或公共汽车，如何在国外找到银行或商店——所以我是一个很好的同伴。我利用强大的搜索能力去寻找线索，然后利用敏捷的思维去迅速分析线索，因此我能弄清楚并解决问题，从而让我们顺利到达需要去的地方。时刻观察周围环境是我生活的常态，因为我总是在寻找隐藏的危险，以便于及时应对。”

6

第6型人经常想太多，所以容易患拖延症，但别人可能认为其不用心。

一些第6型人选择去一个熟悉的地方度假，那里变量较少，也不需要制订很多计划。他们可能每年夏天都去同一个露营地，这样可以提前预订自己最喜欢的小木屋。一旦熟悉了城镇，了解了购物的地方、孩子们可以安全玩耍的地方以及全家人进行娱乐活动的地方，他们就可以计划时间而不必去想变数和意外。

如果你不是第6型人的家人和朋友，在冒险时“保证安全”并非首要考虑因素。我认为，各型人格者对离家的反应都有明显的不同。例如，第1型人去度假时，人际关系问题通常会减少，因为他们这时更放松，更少强迫别人。但第6型人旅行时问题更加严重。第6型人多次告诉我，在与亲近的人相处时，他们最需要的是“保护”。你会注意到，当不能遵守日常生活的一般程式时，他们可能会出现过度保护（恐惧）的状态。这是因为新的程式与平时不同，有很多未知数。另一方面，反恐惧型第6型人对你的恐惧没有耐心，除非你愿意尝试克服它。所以假期是谈论这个话题的好时机。

缺乏有效的思考　九型人格理论认为第6型人“抑制思考”，他们自己却不这样认为。他们无法想象这是真的，因为他们似乎总是在思考。但他们的大部分思考都没有效果——第6型人不会将它们转化为

6

第6型人会提出很多问题——当问题太多，太私人或提得太快时，别人可能会觉得受到逼迫。

行动或洞察力。一位将近退休的成功高管是一名反恐惧型第6型人，他解释了这种想法：

“我总是在思考。这是我最喜欢做的事情。我经常说：‘这说不通啊’，因为我已经在脑中进行理解，但是觉得不合情理。但如果觉得自己或他人的感情不合情理，那就不正常了。通常，只有在有安全感的时候（如：不会产生问题），或已经预测到可能发生的结果时，我才会继续思考。

有时候我懒得思考，直接行动。我知道我的行动是为了逃避思考，这种方式有时有用，有时没用。这样的行为可能比较草率，也不周详。其实我不喜欢这样，我觉得我可以思考得更加完善。”

第6型人认同更有成效的思考，但他们通常不知道从哪里开始。

当然，一些人格类型者通过制订并执行计划、遵守程式和可预测性来寻求安慰，其他类型人却不是这样。例如，第9型人可以很轻易地接受并遵守常规，而不会过多思考哪里可能会出错；第5型人喜欢遵守常规，因为常规可以帮助他们管理有限的精力；第6型人不仅喜欢程式化的生活，还能从中找到安全感。但有些人格类型的人并不想要一眼望穿的生活，他们是如何看待常规的呢？一些人格

一些类型人格者喜欢常规，而另一些人对无法预料的事充满热情。

类型的人不能没有自由，就像第6型人不能没有安全感一样。许多人际关系问题之所以产生，根源就在于有的人格类型渴求稳定，而有的人格类型却追求各种可能性。

第6型人往往通过思考收集周围世界的信息，这种行为是没有问题的。但是，当他们反应过快以致无法用清晰的思维去处理信息时，问题就出现了。第6型人在陷入焦虑之前，会停下来，深呼吸，静心思考如何使自己的人际关系恢复和谐。在陷入焦虑之后，他们会捏造故事，并对这些故事作出反应。与其共同生活的人会发现，第6型人的这种行为模式非常令人不安和困惑。此时，第6型人必须有意识地尽力慢下来，再进行回应。

压力人格与安全人格

面临巨大压力时，第6型人的第一反应是停下来，确认自己对所信任之人的看法或感受，因为他们经常不相信自己。如果你与一位面临压力并信任你的第6型人交往，他会问你认为他应该如何恰当应对自己的焦虑。此时，你一定要给出自己最好的建议，而且不要在乎你的建议是否会被采纳。因为他们有时会听取你的建议，但更多的时候不会；他们几乎总是倾向于拥有自己的想法或计划。所以他们向别人征求意见时，常常只是想看看别人对自己计划的看法。

第6型人的人际关系

与第1型人的关系：第6型人与第1型人交往时总是感觉状态不够好，所以焦虑感往往会增加。双方需要认识到并讨论这一问题，否则第1型人会觉得只有自己在努力完成任务。

与第2型人的关系：第6型人总想要安全感，而第2型人关注的是人际关系，所以双方需要坦诚对待这种差异。此外，第6型人应该注意，不要去怀疑第2型人与别人、为别人做事的动机，第2型人也不要过于在意第6型人的不信任，否则双方关系可能会变得糟糕。

与第3型人的关系：第3型人渴望成功且相信自己可以成功，第6型人却不是。第6型人应该告诫第3型人，成功常常伴随着焦虑。

与第4型人的关系：第6型人习惯于做好最坏的打算，而第4型人习惯于期待。第4型人常说“如果……就好了”，而第6型人总是问“如果……怎么办”。双方应注意这一差异。

与第5型人的关系：第5型人不需要得到所有答案，所以

我还是个孩子的时候，曾用圣诞树上的彩色硬纸条制作纸链。我们剪下纸条，粘成首尾相连的圆圈。这就是第6型人对待恐惧和记忆、过去的伤害和失望的方式——他们如果担心你会离开，就会将这种担心与他们生活中发生的一切联系在一起，从而更加害怕会被抛弃。有时，这种联系过于沉重，人际关系会因此而崩溃。但如果第6型人能意识到自己的这种行为模式，就可以试着停下来，这对第6型人和他们所爱的人都有好处。

第6型人面临压力时，如果已经用尽这种为了减轻担忧而人为制造的联系，就会表现出第3型人的行为方式。转向第3型人格后，他们变得更加自信——做出决定并采取行动，不再那么怀疑自己的选择。

当第6型人感觉自己能掌控全局、生活进展顺利时——有安全感时——会

表现出第9型人的一些生活方式。第6型人应该相信自己和自己的生活经历，这对他们的人际交往有益。处于这种状态时，第6型人会觉得一切都能好起来。

人际交往中的障碍

第6型人真诚地希望始终做好分内之事。但有时他们低估了履行职责和承诺所需的时间，不能完成自己的优先事项。因此，第6型人所承诺的时间，应该是其估计时间的两倍，这有助于他们履行对自己最爱之人的重要承诺。

即使在最亲密的关系中，第6型人也需面对另一场斗争——原谅和忘记。他们往往相信，自己可以通过记住伤害和失望来保护自己，而宽恕别人会让他们感到脆弱无能，所以他们很难原谅别人。据说，一些第6型人会保留那些记录自己在人际关系中受伤经历的日记。有位女士甚至记下受伤的时间，并长年

第6型人将不得不与他们一起解决所有问题。第5型人和第6型人都属于“思维三元组”，他们有很多共同点，都会思考自己的感受和行为。

与第6型人的关系：第6型人在一起时，如果一方感到恐惧，那么另一方会乐观地回应，就像跷跷板上的两个孩子。第6型人之间相处很不错。

与第7型人的关系：第7型人会想象未来比现在更好，而第6型人刚好相反。两型人都可以学会在交往中发挥这种动机的优势。

与第8型人的关系：第6型人和第8型人差异很大，因为对于第6型人来说，第8型人的速度“太快”，而对于第8型人来说，第6型人“太慢”了。他们共有的品质是忠诚。但是第6型人需要小心，自己有时也会忠诚于错误。

与第9型人的关系：第6型人和第9型人相处起来相当舒服，因为双方都能从对方身上看到自己。双方都需要承担起设定自己目标的责任——相互支持或许才是他们之间良好的相处模式，而非等待对方的指示或建议。

保存那些日记。第6型人应该知道，我们总会在人际关系中遭遇挫折，总会对他人失望。尽管某些人格类型很难宽恕别人和被别人宽恕，但我们都需要给予和接受“宽恕”，这是人际交往的一部分。

出于某些可以理解的原因，第6型人很难相信别人，但没有信任就没有办法与人良好地交往。他们所爱的人固然有责任保持诚实、忠诚、可信，但第6型人也有自己的责任——他们有时得下决心去信任别人。

几年前，一对夫妇来拜访我。他们想寻求一种提升夫妻关系的方法，并相信九型人格理论可以提供帮助。他们的关系并非已病入膏肓，只是无法取得进展。这位妻子之前嫁过一个男人，但遭受冷暴力，因此离婚后很难再相信任何人，直到遇到现在的丈夫。他们非常相爱，并努力营造美满的婚姻和家庭生活。但这位女士没有安全感，害怕对丈夫和他们之间的爱情产生真正的信任。她每周有两次会担心丈夫抛弃她。当然，丈夫绝对没有离开的想法，对此他感到很伤心。

有时，信任也需要下决心。

听完他们的故事，我决定与他们分享我和我丈夫约瑟夫刚结婚时遇到过的类似难题。事情的转折点发生在这个时候——约瑟夫握着我的手说：“我不会离开。我爱我们的生活。我全心全意爱你和孩子们。我一直在全力以赴、全心投入。我已经做了我该做的，所以我没有别的东西可以给你。你对我竖起了心墙，解决问题的关键在你：你可以决定信任我，也可以决定不信任我。我无能为力。”

而我，决定相信这个承诺。

相处之道

我的丈夫约瑟夫意识到自己公司里大多数人都是第6型人，所以在公司改革时，他用了九型人格理论的知识。在重建建筑物或买卖公司财产时，他知道第6型人需要时间。

第6型人能够团结我们所属的任何组织，并且不会因为小问题而离开。他们很乐意为整个团体的利益尽自己的一份力量，但同时希望获得信息，希望在影响到他们的决策中发表意见。第6型人虽然可以提供很多东西，但是不愿意当面说出来，因为他们不相信自己。他们需要时间来处理听到的内容，规划可能想要提出的问题，并评估自己的问题是否对整个团体有价值。

因此，为了所有人的利益，约瑟夫每回都举行两次会议。两次，为第6型人提供了充分参与的必要时间。当第二次会议开始时，第6型人准备提出深思熟虑过的问题，提供有意义的观察，并自信地为当下的决策做出贡献。

许多人认为，第6型人比其他任何类型人的数量都多，所以我们这个快节奏的社会有时很难适应他们众多的问题和各种担心。然而，第6型人是最关心共同利益的人，当时间充足时，他们会注意到我们其他人都没能注意到的地方。

放慢节奏，用第6型人的视角看世界，我们都会受益良多。

给第6型人的建议

请记住，我们既然无法改变自己看问题的方式，就需要根据自己看问题的方式调整自己的行为。在九型人格中，第6型人在对待“恐惧”时面临的困难最大。以下是第6型人要记住的一些事项：

你可以——

- 学会相信你内在的认知方式。
- 聆听你内心的声音。你的脑袋会骗你，但你的心却不会。
- 学习相信自己，但只有实践才能增加信任。有些事情只能通过经验来学习。

但你不能——

- 总感到安全。但当恐惧失控时，你可以感知到。
- 期待别人对待所属的群体像你一样忠诚。他们履行承诺和责任的方式不属于你的职权范围。
- 在不付出、不冒险的情况下获得关注。有人说第6型人只想融入群体，我认为这不是真的——第6型人确实希望被人注意，但并不总是愿意承担必要的风险。

所以你需要接受——

- 即使没成功，你也有解决问题的能力。
- “恐惧”在你的生活中发挥了作用。但是你也可以通过自己的意识和有效的思考来削弱恐惧。

如何与第6型人相处

我们与第6型人相处时应特别注意，他们很难信任别人，往往会设立界限以防止不信任的产生，因此通过提出许多问题来获取更多信息。他们获得越多正确的信息，就越容易信任别人。这是非常令人安心的，会为人际关系带来更多的信任。以下是一些需要考虑的事项：

- 第6型人喜欢成熟、诚实、不麻烦的朋友。
- 指出第6型人对人际关系做出的所有贡献。
- 回答第6型人所有的问题时，尽量充满善意并考虑周到。
- 第6型人需要别人在行动上和口头上都对他们作出保证。
- 鼓励第6型人更多地信任自己并承担更多（可衡量的）风险。
- 第6型人通过做最坏的打算获得安慰，所以当他们与你谈论可能出现的问题时，请认真对待。如果你让他们不必担心、告诉他们一切都会好起来，他们会觉得你屈尊俯就，不尊重、不重视他们。但一定要关注最好的结果，而不是最坏的结果。

- 仅仅说“你应该更相信自己”是没有用的。找时间告诉第6型人，他们之前在没有任何人的帮助下，相信了自己的想法，并且通过自己的能力实现了自己的想法。这对第6型人很有帮助。
- 第6型人经常对别人隐藏自己的焦虑。他们自己处理焦虑，不给别人造成麻烦。
- 在家里，第6型人需要情感上的关注和交谈。他们需要有人成为日常生活细节的伙伴。
- 当第6型人想太多时，请鼓励他们采取行动。他们往往将“思考”某事与“做”某事弄混。
- 第6型人对毫无伪装、不做作的人非常欣赏，但他们不相信外表。他们会仔细观察你是否确实是你说的那样。

Sevens

第 7 型人

万事大吉

达林高三时和几个朋友在一个游人众多的湖畔公园深夜狂欢。他们不穿衣服，喝父母或法律禁止的饮料，玩得很开心。

达林总爱寻求刺激。通常，他还没到家，就会打电话告诉父母自己的想法。偶尔，当达林没有寻求刺激时，他会跟人分享寻求刺激的快乐，且不吐不快。

但这一次，达林的爸爸非常生气，并非只因为达林在湖边狂欢。但达林拒不悔改，父子二人发生了争吵，彼此不再说话。达林没有道歉，而他不道歉，爸爸就不会让步。

三四天后，正当达林上完课准备去练棒球时，妈妈找到了他，让他去向爸爸道歉，否则就没收他的车钥匙。达林反抗一番后只好妥协道：“好吧，我去。但我不明白为什么要道歉。我比任何人都爱爸爸——这你知道的。我不是故意冒犯或伤害他，为什么我必须跟他道歉？这件事与他无关，完全是我和朋友之间的事，没人受伤，也没有造成不良后果。”

妈妈伸出手说：“要么跟爸爸道歉，要么把钥匙给我。你现在可能不明白为什么必须道歉，但你迟早会懂的。就把这次道歉当作一次演练吧。”达林边向门口走去，边说：“我很忙，只能速战速决。”

妈妈回答道：“对你而言，不好玩的事就得速战速决，这不足为奇。”

几年后，达林离家上了大学。有一天凌晨2点30分，他给家里打了一个电话。妈妈胆战心惊地接了电话，达林却让她起床去厨房再接电话，以便保持清醒。

“达林，我怎么会不清醒呢？你怎么了？有什么事吗？”

他回答道：“妈妈，再教教我如何道歉吧。上次我和爸爸因湖边深夜狂欢那件事彼此不说话，你教过我如何道歉，但我现在记不清了。帮帮我吧！如果我现在不道歉，特蕾西肯定会和我分手。我该说些什么呢？我该如何开口？”

这个故事为什么会发生?

- 你最像故事中的哪个人，是达林，爸爸，还是妈妈？为什么？
- 你认为达林为什么很难理解自己的行为会对他人造成负面影响？
- 达林向爸爸道歉的动机是什么？向特蕾西道歉的动机又是什么？
- 如何运用九型人格理论解释这个故事？

达林属于九型人格的第7型人，追寻快乐而回避痛苦。不成熟的第7型人经常会忽视自身和他人的情感。他们把世界视为自己的游乐场，在四处寻欢时最开心。他们享受生活，不断尝试从各种活动中寻求乐趣，并逃避任何不愉快或不舒服的事。

第7型人偏爱事情好的一面，因而只拥有一半的情感类型——快乐，没有悲伤——而这可能会毁掉一段关系。他们应该认真考虑情感类型的不平衡。如果第7型人不愿承认自己讨厌沉重或悲伤等情感，后果会非常严重。良性的人际互动是一段良好关系的基石，所以他人的日程安排和感受不容忽视——而这正是大多数第7型人容易忽略的一点。

第7型人不能或不愿恰当地处理自己和他人的感受，这是有问题的。如果他人不能对第7型人直言自己的感受和需求，久而久之，他人就会产生愤怒、羞耻、恐惧或怨恨等情感，不利于关系的维护。如果第7型人关注并呵护他人的情感，就能在最重要的人际关系中避免许多痛苦。

第7型人的世界

一般而言，第7型人精力充沛，充满魅力，但有时会高估自己的魅力。他们不愿受到限制，特别是别人强加的限制，但同时会尽量避免正面冲突——会刻意或通过幽默的话语转移话题，在别人不经意间巧妙地避开麻烦。他们做事的动力源于责任感，人们很容易就能看出他们缺乏热情。他们人在，但不会全身心投入，而是把精力留待自己认为更有前途的事情。在与别人交往时，他们性格中的这些特征都可能产生矛盾。

作家米希·金·科特（Mihee Kim Kort）是第7型人，而她的丈夫是第6型人。她分享了婚姻中遇到的难题："他需要按部就班，这感染了我，因为我知道这样对孩子们的成长有益。我努力按部就班，但总不成功。我放学后去接孩子，然后无论天气好坏，也无论他们的

7

让第7型人承认其在冲突中的责任并负全责，而非归咎于他人，不是一件容易的事。

感受如何，我都会带他们进行户外活动。我们会尽可能花更多时间待在户外。”

但后来她告诉我自己对此感到内疚：“也许孩子们确实需要回家，也许他们需要看会儿电视来休息和减压。但我的理智告诉我不能直接回家。回家后孩子们会大喊大叫，追逐吵闹，而我还得调解、尖叫、追逐、协商，这些对我来说太难了。”

我认识的每个第7型人都心胸宽广——他们慷慨大方，愿意为所爱的人做出牺牲。但相较于其他人格，我认为第7型人试图既满足自身对“刺激”无尽的需求，又兼顾他人的需求，这让他们深受困扰。如果认真倾听，你会发现很多第7型人都会说：“只要你开心，我愿意做任何事情。”他们这么说是认真的，但他们同时不想在这个过程中失去自我。第7型人通常会有很多追求者，但对待感情没有其他型人认真，因而追求者们会感觉自己仿佛被抛弃了。

九型人格理论帮助我们识别、处理自己和他人的感受。

第7型人在相处中设定的种种界限，很容易让人误解。其中之一就是时间观。我最近听到一位第7型人说：“我希望这周还可以再延长两天。延长两天就好。”他们似乎永远都没有足够的时间去完成他们计划要做或想要做的事情；而没有完成的事又都在提醒他们时间飞逝。

第7型人思考后就会行动，从不考虑感受。他们应该注意考虑别人的感受，预料自己行为的后果，然后学习如何处理自己和他人的感受。

追求快乐的热情　在不断追求快乐的过程中，第7型人热切渴望积极、刺激的经历。简单地说，他们想要更多快感，也就是“暴食”——这是第7型人的热情。虽然“暴食”一词隐含贬义，但在这里，该词的意思是“一直想要更多”。无论是谁，我们都试图以不同的方式填补内心的空虚。肖娜·尼奎斯特（Shauna Niequist）谈到她对“暴食”的理解时，承认道：“我想我对‘胃口’的感知比任何人都强烈。”

肖娜认识到，作为第7型人，她的性格对她的人际关系有着正反两方面的影响：

> “我喜欢九型人格理论的部分原因在于，自从得知我属于第7型人格后，我意识到我身上最明显的优缺点并非随机组合，而是互相关联的。所以我喜欢尝试各种不同的事情。我热爱充满变化的生活，受不了按部就班。我希望一切事情的发生都有特殊意义，我对一切都不会知足。为了体会更多乐趣，我不介意生活窘迫。我的热情可能会让周围的人疲惫不堪。我性格中的优缺点相互关联并构成一个整体，理解这一点对

别人不可能成为你。

我很有帮助。

另一方面，如果我状态不佳，或因为某些原因而只投入了一半精力，别人会注意到并纳闷：'她怎么了？'大家对我的活跃度有一个期望值。我在过去几年的工作中明白，全身心投入做事不代表我要时刻紧绷。"

第7型人感到沮丧或需要帮助时，会开始寻求外在的满足感。只有改变行为模式，将注意力转向自己，才能改变自我。这种改变对第7型人很有益，但会让那些习惯其幽默精神的人感到困惑。

出于自我保护而重新定义事物 虽然很多人格类型者害怕孤独和被抛弃的感觉，但第7型人尤其害怕"受困"，所以他们通过重新定义一切来逃离困境。他们本能地将痛苦和失败重新定义为其他东西。我的大儿子乔尔在高中和大学时都打篮球。他2米1，穿15码的鞋。可以说，他虽然跑得不快，但球打得很好；他能跳，但跳得不是很高。在高中季后赛结束后的一个晚上，乔尔坐在后排座位上说："妈妈，你看到我们在前半场的绝杀扣篮了吗？"

"我看到了扣篮，但'我们'指谁啊？"

"你知道的。我们啊！"

我回想起乔尔曾经坐在替补席上看"他们的"精彩扣篮，再次意识到我第7型人格的儿子生动的想象力，和他与生俱来的对事情重新定义的能力。第7型人很容易迅速地将悲伤的情绪转化为积

第 7 型人的人际关系

与第1型人的关系：第7型人可以向第1型人学习，观察他们在处理界限、自控和完成任务时的做法。第1型人可以学习第7型人的宽心和顺其自然。这是一种互惠。

与第2型人的关系：第7型人比第2型人需要更多的自由。在交往中，第2型人需要学习相信别人，第7型人需要学习与他人分享计划——他们要去哪儿，要做什么，何时有空等。

与第3型人的关系：第7型人和第3型人可能会以为他们是相似的，其实不然。第7型人不喜欢为个人选择设限；第3型人不喜欢为工作时长设限。这个问题很棘手，需要有意识的沟通。

与第4型人的关系：第4型人和第7型人比我们想象的更相似。事实上，在孩童期，我们很难将他们区分开。但由于各自的情感偏好，他们在成年期呈现为对立面。同样的半杯水，第4型人看到空了一半，而第7型人看到满了一半。如果愿意在互相沟通

极情绪。他们成熟一些之后，就能够忍受伤心或恐惧，然后再转化为能够接受的情绪。但在那之前，他们只是压抑悲伤或消极情绪，而不是完全消化它们。事实上，这些情绪在未来某个时间会再次出现。

第7型人能够重新定义并重新命名正发生的事情，因而能够在思维中找一个舒适的休息之地。在孩童时期，他们的大脑就已经开始这样运作了。乔尔5岁时曾在公园里迷路。他回忆说："妈妈，当时和我一起等你的警察叔叔告诉我一切都会好的，我相信他。因此，我闭上眼睛，想象自己骑着车，吃着冰淇淋，笑着和姐妹一起玩。老实说，我很开心。"我认识的第7型人都经历过这样的第一次：将注意力从恐惧或悲伤转移到更美妙和安全的事物上。

但是由于其他类型的人没有这种重新定义事物的能力，所以第7型人的这

一特点在人际交往中可能会造成矛盾。其他型人在生活中感到悲伤或压力时，反应与第7型人不同，这让他们感到挫败。所以当第7型人将所有负面因素重新定义为积极因素的时候，其他型人可能认为这种做法是不成熟、不负责任、不切实际的。通常在这种情况下，人际交往会变得像父母和孩子相处时的样子，双方可能都感到自己不受尊重，唯一的解决方案是各退一步，寻求共识。

“活跃”的背后 第7型人害怕各种痛苦，特别害怕被困在日复一日一成不变的生活中。只要想到情感或身体上的痛苦无法控制，他们就感到无法忍受，他们没办法和不快乐的人相处。

九型人格中，第7型人、第5型人和第6型人害怕被任何令人不快的事情困扰。他们应对这种恐惧的方法之一是给自己多样的选择——这是他们对“富足”的部分理解。他们讨厌稳定、安全、可

的同时尊重差异，他们可以在很多方面相互学习。

与第5型人的关系：第7型人和第5型人能友好相处。原因之一在于，两型人在人格上有一些共同的特质，这意味着他们可以从对方身上看到自己。他们都喜欢冒险，都很容易对“重复”感到厌倦——对他们来说，重复意味着退步。

与第6型人的关系：在展望未来方面，第7型人和第6型人用不同的角度看问题。第7型人认为未来会越来越好，而第6型人则认为会越来越差。如果能互相平衡一下，双方会获益良多。

与第7型人的关系：第7型人害怕承诺、按部就班和可以预测的结局，同型人之间很难相处。

与第8型人的关系：第7型人先思考后行动，但第8型人先行动后思考。双方在相处中要小心这种差异。

与第9型人的关系：第7型人喜欢选择，而第9型人会因为选项太多而崩溃，所以第7型人和第9型人互相提供了一种独特的平衡。

量化的生活；他们想参加活动，越多越好，不在计划之列的也可以。但是，活动进行到一半时，他们就会开始想下一个活动，这会分散他们的快感。

交往需要承诺，不仅仅是保持联系和解决矛盾的承诺，而是更小方面、看起来不那么重要的承诺，例如守时、有始有终、在诱惑面前也能坚持原计划等。一旦第7型人作出承诺（只要符合他们的意愿），他们就会全力以赴。但问题在于他们对“全力以赴”的定义可能与别人不一样。试想一下，对于第1型人和第8型人来说，“全力以赴”意味着自始至终永不放弃；对第2型人，“全力以赴”还包括要用心对待。而第7型人的“全力以赴”在于他们喜欢和自己爱的人相处，并在关系结束时感到非常难过。如果有人认为第7型人对“告别”得心应手，那绝对是一种误解。

对乐观的需求　第7型人对乐观的需求与其对“美好”的需要直接相关——他们需要相信世界是安全的、人性是善良的、自身的需求能受到重视。我们认识的大多数第7型人似乎并不感到恐惧，事实上，他们只是看起来开朗、乐观和有趣。第7型人格的年轻人有时会对我说：“九型人格中第7型人为什么会出现在第6型人旁边？我与第6型人没有任何共同之处。”理查德·罗尔认为：“令人惊奇的是，乐观主义和悲观主义之间的差距并不大：两者都是面对生命绝境和危险时的心理应对方法。”

一位女士最近与我分享了她认为第7型人可以为世界带来的价值：

“我认为，我们生活在一个需要健康乐观主义的时代。我们需要一些梦想家—— 一些敢于挑战更大梦想的人。如果遇到某人对种族或性别问题视而不见，我将成为率先批评的人之一。但同时，当我们的社会充满爱时，我不希望人们失去对人际关系和相聚的更美憧憬，以及对爱的信念。尽管人们可能认为我天真和肤浅，但我仍想坚持希望和愉快的可能。”

第7型人为社会和人际关系带来了种种好处，但有时我们没有认真对待，因而错失了这些好处。我们需要第7型人的乐观。

压力人格与安全人格

第7型人处于健康状态时，是希望的使者。他们快乐、慷慨、有爱心、有创造力，如果透过他们的眼睛看世界，我们都会获益匪浅。但在状态不健康的情况下，他们会固执己见。第7型人与第3型人、第8型人在一起时需要记住，当你完全确定自己正确时，自己往往是错的。

在生活充满压力时，每型人都表现出与其个性相关的过激行为。任何一个人的过激行为都不好，第7型人的过激行为很疯狂，有可能破坏他们真正的欲望。庆幸的是，第7型人面对压力时容易表现出第1型人的行为方式。他们的性格中拥有第1型“完美主义”的另一面——更为成熟的一面。受其影响，第7型人会冷静下来,从而更加清楚自己何时与何人做什么。他们变得不再那么自私,而且更有可能完成自己手上的事情。这种行为对第7型人有利，尤其是他们的人际关系。人们常抱怨第7型人做事有始无终，但当他们有始有终时，就会对别人很有帮助；也有人抱怨第7型人不注意细节，但第7型人转向第1型人格时，会变得注重细节。这时，至少在一段时间内，第7型人都会在梦想和行动之间找到一个必要的平衡点。

第7型人安全感增强时，会表现出第5型人的心态和行为。他们从涉及太多人的太多兴趣和活动中抽身，只给一两段人际关系留出时间，或者专注于一些事情，而不是同时做很多事情。第7型人告诉我这是他们最满意的经历，但只持续很短的时间。一位第7型人告诉我，如果没受到第5型人行为的影响，她就不能腾出高质量的时间与重要的人在一起。

7

有时第7型人的热情会被误认为是一种想要强加自己意志的欲望。

认识到差异，我们就不会对他人寄托过高期望——这是一件很棒的事情。别人看待事物的方式和你不一样。我曾在社区教学时发现，“期望”常会发展成“怨恨”。我们在建立和维护关系时，应该牢记这一点。

人际交往中的障碍

第7型人压抑自己的情感，总是试图保持快乐开心的状态。其他型人的生活中有多种多样的情绪，而第7型人的生活中只有尽可能多的快乐，有时这对他们的人际关系是一种障碍。

第7型人的魅力在职场中更有效。他们必须明白，在相互依存的人际关系中，自己不是“CEO”（首席执行官）——别人不必赞同自己的言论或顺从自己的行动。相互依赖对我们所有人都有益，因此第7型人需要学会在家庭和工作中调节自我认知。

第7型人认为自己的需求很简单、很少，但在现实生活中，他们是拥有复杂需求的复杂的人。在人际关系中，许多第7型人上一秒还在想如何把一切做好，下一秒就会把一切弄糟。无论是什么事，只要情感出现混乱，第7型人的人际关系也随之变得混乱，因此他们不喜欢这种状态。有时，第7型人的问题是难以看到并承认问题的存在，然后迎接挑战并解决问题。第7型人需要学会在问题出现时就解决掉，而不要认为问题可以自动解决。在修复与最爱的人的关系方面，许多第7型人还非常不成熟。

相处之道

肖娜·尼奎斯特很喜欢在家中组织聚会。别人问她如何使用九型人格理论处理精神生活中的问题，她是这样回答的：

“学习九型人格的精神时，我感到最有帮助的一点是——它提醒我不要像我生活中遇到的第4型人那样。我的母亲和我的丈夫都是第4型人，都很内向，思想深邃，情感强烈，天生就善于沉思。而我天生就是一个派对爱好者。对很多人来说，派对似乎与精神层面关系不大。但我要说的关键是，我允许自己发挥我最大的天赋——热情，而不是做一个神秘主义者。

我认为这是上天赋予我生命的意义。我热情招待客人时，能感到无法言说的喜悦和没有理由的开心。如果我卖出一定数量的书，我就会想：‘这不错’，但是如果我组织了一次非常有意义的活动，我就会想：‘老天对我太好了。’这对我来说意义重大。”

第7型人只通过自己的路径来实现自己的目标。他们相信自己的独特性具有内在价值，因而获得满足，这为我们树立了榜样。

这种独特性需要得到尊重和肯定。

给第7型人的建议

第7型人比其他任何人更难以接受这一事实——并非所有东西都能得到。他们更难接受的是，无论付出多少努力，有些东西依然无法得到。对于我认识的第7型人来说，学习并花功夫进行冥想和沉思是非常有益的。除此之外，第7型人可以学着说："现实本就如此。"这能帮助他们停止狂热的思考和规划。

你可以——

- 设立新的梦想，但它们并不总是会成真。
- 让生活充实、快乐，但如果不经历缺失和痛苦，你就不会认识到快乐。
- 接受这一现实：遇到不能重新定义的痛苦时，就是你成长的机会。痛苦会教给你一些东西。

但你不能——

- 只用一半的情绪掌控生活。你可以学着使用其他的情绪。
- 通过过激的行为来达到你的目的。你可以调整你的行为方式。
- 在不为选择设限的情况下保持责任感和可靠度。你可以将可靠性作为你的选择之一。

所以你需要接受——

- 人际关系对获得快乐和实现个人成长具有同等作用。

- 但是与此同时，你的行为不仅奇特，而且富有魅力。
- 因为你兴趣广泛，别人可能会认为你不够专、不够精。
- 在一段长期的人际关系中，逃避痛苦和个人感情徒劳无益。
- 有时候生活很无聊，而且你无法重新设计，你只需要去经历。

如何与第7型人相处

根据我的经验，当第7型人真正开始改变自己时，周围的人很快就会问："你怎么了？你以前很有趣的。"喜欢第7型人的人需要注意，不要总是指望他们出现我们期待的行为。以下是一些有助于人际关系的建议：

- 如果一定要批评第7型人，请温和、简短地批评。
- 给第7型人最好的礼物就是鼓励他们体验各种情感。
- 如果你想与第7型人分享你的感受，一定要通过各种方式去分享。但是不要和第7型人共同分析你的情感，请去找其他类型的人。
- 不要试图让第7型人承诺特定的习惯和日程安排。他们需要主动和灵活。
- 大多数非第7型人格的成年人都忘了如何享受生活。请一位第7型人来教你。
- 注意倾听第7型人讲故事，他们往往通过讲述自己的故事来表达和分享他们的情感。

- 第7型人需要人际关系中的另一方拥有自己的精力和兴趣。不要依赖第7型人来维持友谊。
- 第7型人需要自由表达自己想法的空间。如果你做了不同的决定，他们也完全可以接受。
- 当第7型人真的想向你索取某样东西，而该东西又在你职权范围内时，他们会非常执着，不死不休。
- 第7型人喜欢和人在一起，但真的非常重视独处。如果你努力兼顾这两点，这将对你们的关系有所帮助。
- 与第7型人谈论他们的潜力是没有用的。他们不喜欢回应期望，他们认为任何有关潜力的言论都隐含期望。

CONCLUSION

写在最后

小时候，我的父母在楼上卧室里设置了一个小“图书馆”，这里是我哥哥卡罗尔患小儿麻痹症时待过的地方，也是我爷爷布朗快去世时待过的地方。他们都不能下床，所以我扮演“图书管理员”来逗自己和他们开心，给他们念书，也听他们给我念书。他们病得都很严重。老实说，我一直想写一本能够治愈人们的书。

在那些年里，我梦想有一天我会结婚生子，从此过上幸福的生活。但生活没有那么简单。我和约瑟夫结婚时，是带着三个孩子的离婚妈妈。他又领养了孩子，于是我们有了第四个孩子。我们努力地想弄清楚如何共同生活，彼此相爱，并互相保持宽恕和自由。

在过去30年的大部分时间里，我和丈夫一起了解了九型人格，它对我们和我们的家庭起到了巨大的作用。说实话，我无法想象没有它的生活。我们做了很多实践去帮助自己探寻：如何理解我们是谁？当被爱、被接受和感到安全时我们能够成为谁？而九型人格理论的学习只是这众多实践中的一种。我希望你能用九型人格理论为那些占据着你时间和生活的人们提供爱、接纳和承诺。

这本书写给所有想在家里、工作中或朋友间与别人建立更好关系的人。我尝试写得清楚，但不想过于简单。即使书中写到了你不喜欢的部分，我相信你也可以理解。

我希望这本书真的有用，但这并不取决于我自己，这取决于我们所有人：

- 请保护我们的关系免受愤怒、恐惧和羞耻感困扰；
- 当我们看到别人努力思考，有意行事并深切感受时，要富有同情心；
- 请认真对待别人关于人际关系的经验，接着利用从九型人格理论中学到的东西去行事。

也许我们会承认，当我们的人格足够健康和成熟时，我们将为共同的美好尽己所能。

ACKNOWLEDGMENTS

致谢

谈到九型人格，可以说天下人都是我的老师。他们在我教学的课堂里，在我演讲的观众里，在我旅行的机场里，在我购物的商场里，在我家的附近。他们都以自己所知的最好方式，凭借自己的所有和眼界而有所成就，对我提供了很多帮助。

首先我想感谢我的丈夫约瑟夫·斯塔比尔。他对我和我们共同生活的无私付出让我感到荣幸，而这种坚持也具有挑战性。我们的孩子们，他们的丈夫和妻子们，以及我们的孙辈们，是我想要尽自己的努力使世界变得更美好的动力。谢谢你们，乔伊，比利，威尔，山姆，珍妮，科里，诺亚，艾丽，派铂，乔尔，惠特尼，裘莉，杰西，B. J.，德文，我一直想感谢你们对这本书的支持。

理查德·罗尔老师邀请我研究这种古老的智慧，所以我讲授的内容大多得益于他。谢谢你！

我非常感谢我的朋友和文学经纪人谢乐尔·富勒顿。她非常优秀，这本书的每一页都有她的功劳。

我对过去九年来交流过的先生们和女士们有着无以言表的感激。他们教会了我很多关于九型人格的知识。在过去的30年里，成千上万的人与我分享了他们的周末和故事，我感激不尽。他们使我收集的关于九型人格的信息变成智慧。

雪莉·科比特博士和玛吉·布坎南，感谢你们见证了我的成年生活。乔尔·斯塔比尔和劳拉·艾缔思，没有你们的天赋和才能，我无法想象我的工作会是怎样的。鲍勃·休斯博士，感谢你坚持让我相信我是有价值的。

特别感谢吉姆·查菲和亚娜·瑞斯。同样感谢梅雷迪斯·英曼和科里·皮格对我的帮助。

许多人一直给予我深爱，鼓励我努力生活，督促我在讲授九型人格时做好自己该做的事。非常感激你们每一个人。

感谢那些指导我研究九型人格的人。他们的见解使九型人格理论更加通俗易懂。

理查德·罗尔
克劳迪奥·纳兰霍
蕾妮·巴伦
伊丽莎白·瓦格勒
安德里亚斯·埃伯特
唐·里索
海伦·帕玛
弗吉尼亚·普赖斯
凯瑟琳·赫尔利
托马斯·康登
伊恩·克朗
利奈特·谢帕德
苏珊娜·苏黎世
克拉朗斯·汤姆森
玛格丽特·凯斯
罗姗妮·豪伊·墨菲
拉斯·哈德森
戴维·丹尼尔斯
碧翠丝·切斯特纳特
西奥多·唐森
苏珊·雷诺兹
桑德拉·迈蒂